フロントエンド開発のための
テスト入門

今からでも知っておきたい自動テスト戦略の必須知識

吉井健文 著

SE
SHOEISHA

JN073047

はじめに

　昨今、フロントエンド開発現場は、ライブラリやフレームワークが発達し、開発手法が大きく変容しました。「モダンフロントエンド」と称される技術スタックは、広くプロダクションでも利用され、一般的なものとなってきています。しかしながら「テストコード」については、次のような声を聞くことが少なくありません。

- テストコードが全く書かれておらず、漠然とした焦燥感がある
- ある程度書いてはいるが、十分に書かれているのか自信がない
- 他社ではどれほど書いていて、どのような根拠で書いているのか知りたい

　このような不安を抱えたまま、テストコードに自信を持てずにいる人はまだまだ多いのではないでしょうか。また、UIコンポーネントテスト、ビジュアルリグレッションテスト、Storybook、E2Eテストなど、フロントエンドのテスト手法は多岐にわたります。初見で、これらのテスト手法をどう使い分けるべきかを判断するのは至難の業です。はじめのうちは、この多様な選択肢が悩みの種になるかもしれません。

　選択肢が多いということは、各々のプロジェクトに最適なものを選べるということでもあります。テスト手法の詳細を知ることで、より適切な選択ができるようになるでしょう。様々なテスト手法の具体例をNext.jsアプリケーションサンプルで示しているので「どういったシーンで、どのテスト手法を選択すべきか？」という解像度が高まるはずです。本書では、目的意識を持ってテスト手法を組み合わせて活用する活動を「テスト戦略」と呼んでいます。そして、この「テスト戦略」を一冊を通じたテーマとしています。

　読者の皆様が明日から自信を持ってテストコードを書き、一人でも多くの方が「テストを書いていてよかった！」と思える体験ができるよう、本書が参考になれば幸いです。

本書の対象読者

第1章から第4章までの内容は、はじめてテストコードを書く方でも読み進められるように構成しています。より多くのWebアプリケーションエンジニアの方々に手にとっていただきたいという想いから、対象読者の幅を広く設定しています。

- フロントエンドの実装をしたことがない方
- テストコードを書いたことがない方
- DBまで含めたE2Eテストを書いたことがない方

第5章以降はフロントエンド特有のReactやNext.jsを使用したサンプルコードを掲載しているため、フロントエンド開発に馴染みのない方は、関連する公式ドキュメントや他書籍も並行して読まれることをおすすめします。

本書を読み進めている途中で難しくなってきたと感じたら、一旦読むのをやめて、読み進めたところまでの復習としてコードを書いてみてください。プロジェクトコードもテストコードも、実際に手を動かしながら経験し、体験から学ぶことが上達の近道です。

本書の動作環境

本書のサンプルコードは、執筆時点（2023年3月）で下記の環境で動作することを確認しています。

- macOS 13.1 Ventura／Node.js v18.13.0

その他のOSを使用する場合の操作については、個別で補足説明や参考資料を示している箇所もありますが、全ての動作を保証するものではないことをあらかじめご了承ください。

目　次

第1章 **テストの目的と障壁**

第2章 **テスト手法とテスト戦略**

■ 第1章 ▶

テストの目的と障壁

1-1 **本書の構成**

1-2 **テストを書く目的**

1-3 **テストを書く障壁**

1-1 本書の構成

本書ではサンプルコードとして、2つのリポジトリを用意しています。

前半〜中盤に使用するリポジトリ

単体テストのみで構成されています。はじめてテストコードに取り組まれる方にとって最適な内容です。フロントエンドライブラリに不慣れな方でも、読み解きやすい内容を心がけました。

URL https://github.com/frontend-testing-book/unittest

中盤〜後半に使用するリポジトリ

Next.jsを使用したWebアプリケーションです。テストコードの学習を目的としているため、アプリケーションは一部機能のみを作り込んでいます。テストコードは実践にかなり近い内容となっており、様々なテストコードを体験できます。

URL https://github.com/frontend-testing-book/nextjs

● 解説するテスト手法について

本書はWebフロントエンド特有のテスト手法を中心に構成しています。JavaScript（TypeScript）のテストコードの基礎を身につけるだけでなく、テスト手法の使い分けについても学びます。

関数単体テスト

ブラウザで動くSPA（Single Page Application）も、Node.jsで動くBFF（Backend For Frontend）も、複数の関数を組み合わせて構成することが基本です。一つ一つ確かな関数を実装することで、問題のあるコードを早期に発見できます。テストコード学習の入門として、関数単体テストを書きながら自動テストコードの基本知識を身につけます。

UIコンポーネント単体テスト

　フロントエンドの主な開発対象は、「UIコンポーネント」と呼ばれるビルディングブロックです。関数で表現されるUIコンポーネントは、単体テストとの相性がとてもよいです。また、Webアクセシビリティの品質についても、単体テストで検証する環境が整ってきています。架空のフォームを対象にコーディングしながら、テスト手法を身につけます。

UIコンポーネント結合テスト

　UIコンポーネントの責務は、入力したデータを表示するだけではありません。操作に応じて非同期処理を実行したり、非同期処理レスポンスに応じて表示結果を切り替えます。UIコンポーネントの結合テストでは、こういった外部要因を含めたテストを行います。モックサーバーを使用した、より広範囲に及ぶ結合テストも解説します。

UIコンポーネントビジュアルリグレッションテスト

　スタイルシートの指定にもとづく出力結果を検証するためには、ビジュアルリグレッションテスト※1-1が適切です。UIコンポーネント単位で実行することで、精度の高い検証が可能です。

E2Eテスト

　ヘッドレスブラウザ※1-2を使用したE2Eテストでは、より本物のアプリケーションに近いテストが可能です。ブラウザ固有のAPIを使用したり、画面をまたぐテストに向いています。実際のWebアプリケーションは、DBサーバーに接続したり、外部ストレージサーバーに接続します。実際のWebアプリケーションに近い状況を再現することで、より広範囲のE2Eテストが構成できます。

● 使用ライブラリ、ツールについて

　サンプルコードに使用しているツールを紹介します。サンプルのテストコードは一部、ライブラリ特有の解説になるところがありますが、学習すべきポイントは同じです。例えば、Testing Libraryを使用したUIコンポーネントテストの書き方については、UIライブラリが異なっていても、テストコードはほとんど同じです。

※1-1　リグレッションテストとは、ある特定時点から、前後の差分を検出して想定外の不具合が発生していないかを検証するテストのことです。

※1-2　ヘッドレスブラウザとは、GUI（グラフィカルユーザーインターフェース）を備えていないブラウザのことです。

TypeScript

TypeScriptが開発現場に定着したことに伴い、JavaScriptでソフトウェア品質課題となっていた多くの懸案事項は解消されました。そのため、フロントエンド開発品質の向上を目的としている本書でも、TypeScriptを基本としたサンプルコードを掲載します。

フロントエンドライブラリ、フレームワーク

サンプルリポジトリで使用しているライブラリ、フレームワークを紹介します。ReactはJavaScript拡張構文であるJSXを用いて、UIコンポーネントを構築します。Next.jsはフロントエンドだけでなく、BFFサーバーとしても利用します。それぞれのライブラリの使い方について、必要最低限の解説を挟んでいますが、詳細な使い方については公式ドキュメントを参照するようにしてください。

- React：UIコンポーネントライブラリ
- Zod：バリデーションライブラリ
- React Hook Form：Reactフォーム実装ライブラリ
- Next.js：ReactベースのWebアプリケーションフレームワーク
- Prisma：データベースに接続するORM（Object-Relational Mapping）ライブラリ

テスティングツール、フレームワーク

本書で紹介するテストツールは次の通りです。テスティングフレームワーク、テストランナーであるJestやPlaywrightのほか、ビジュアルリグレッション／テスティングフレームワークのreg-suit、UIコンポーネントエクスプローラーのStorybookも紹介します。

- Jest：CLIベースのテスティングフレームワーク、テストランナー
- Playwright：ヘッドレスブラウザを含んだテスティングフレームワーク、テストランナー
- reg-suit：ビジュアルリグレッション／テスティングフレームワーク
- Storybook：UIコンポーネントエクスプローラー

本書の構成として、それぞれのライブラリの深い詳細については触れていません。テストコードを書きながら、テストコードの要点を身につける構成となっています。本書に明記されていない不明点が出てきた場合、公式ドキュメントを参照するようにしてください。

1-2 テストを書く目的

本書を手にとられた方の中には、普段の業務でテストが書けていないことに対して、漠然とした不安を持たれている方もいるかもしれません。「業界の人たちが必要だといっているので」「バグが少なくなるといわれているので」といった、人からの影響で興味を持った方もいるかもしれません。

なぜテストを書くのかは「テストを書いていてよかった」という体験を通して、はじめて気づけるものです。実際にテストを書いてみて、メリットを感じられるようになるまでの道のりは少し長いです。テストを書く目的について、筆者なりの考えを紹介します。

● 事業の信頼のため

事業に経済的な影響を及ぼすバグを含めてしまった場合、信頼を取り戻すまでの活動に間接的な経済影響を及ぼします。バグを含めてリリースしてしまうと、サービスが利用できないだけでなく、サービスに対するイメージが低下してしまいます。このような望まない事態を防ぐことが、自動テストコードに取り組む最たるモチベーションでしょう（図1-1）。

フロントエンド開発者は、フロントエンド向けのバックエンドサーバー（BFF）開発を手掛ける機会も増えてきました。BFF開発では特に、認証認可など、バグが含まれていては困る実装が多くあります。軽微なバグであれば問題にならないかもしれませんが、普段からテストコードを書く習慣をつけることで、些細なコードの欠点に気づけるようになります。

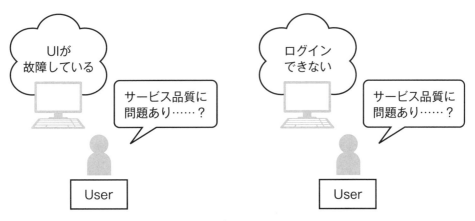

図1-1　UIやシステムの故障はサービスのイメージに直結する

● 健全なコードを維持するため

　プロジェクトの実装が進むと、同じような実装箇所が出てくることはよくあります。似通った処理はモジュールに切り出して共通化するなど、リファクタリングを施したくなるものです。このとき、実装済みの機能に影響を及ぼしてしまうかもしれないという不安から、手をつけずに見送ってしまった体験はないでしょうか？

　テストコードを日常的に書く習慣がつくと、リファクタリングを行った際は、逐一テストを実行して既存実装が壊れていないかを確認する習慣がつきます。テストコードがあるという安心感は、積極的なリファクタリングを推し進め、健全なコードを維持してくれます（図1-2）。

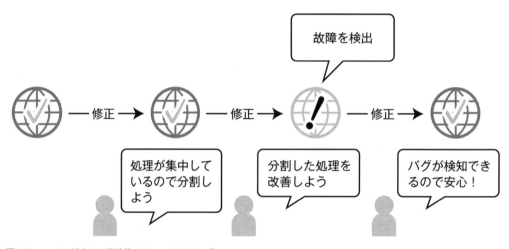

図1-2　テストが支える継続的なリファクタリング

　コードの変更は機能開発にとどまりません。Dependabotをご存じでしょうか？　プロジェクトの依存ライブラリに脆弱性が発見されたり、最新バージョンがリリースされたとき、プルリクエストを作成してくれるBotのことです。フロントエンド開発は一般的に多くのライブラリに依存しており、アップデートをこまめに行える状態が望ましいとされています。

　Dependabotが脆弱性を自動検出してプルリクエストを作成してくれるのはありがたいことですが、作成したプルリクエストをマージして本当に大丈夫と言い切れるでしょうか？　アップデートしたらリリース済みの機能が壊れてしまった、という心配はないでしょうか？　もし自動テストコードが書かれていれば「マイナーアップデートの場合、テストがパスしていればマージOK」というルールが設けられるでしょう。

● **実装品質に自信を持つため**

　テストコードを書くことは、自身が書いたコード品質を見直す機会になります。テスト対象のテストコードが書きづらいと感じたら、それはテスト対象に処理を詰め込みすぎているサインかもしれません。シンプルな入出力の関数に複数分割するだけで、テストコードはずっと書きやすくなります。この見直しが、よりよい実装へと導いてくれることがしばしばあります。

　例えば、肥大化したUIコンポーネントです。表示分岐、入力バリデーション、非同期処理更新といった、様々な処理がUIコンポーネントには実装されます。混み入った実装を1つのUIコンポーネント（関数）で実装してしまったとき、どういったテストを書くべきか悩みます。表示分岐、入力バリデーション、非同期処理で、それぞれの単一責務を持つUIコンポーネント（あるいは関数）に分割するだけでも、実装は整理されてテストも書きやすくなります。

　ほかにも、UIコンポーネント実装で配慮したいのがWebアクセシビリティです（図1-3）。昨今のUIコンポーネントテストでは、アクセシビリティ由来の要素取得APIを使用してテストコードを書く機会が増えました。アクセシビリティ由来の要素取得とは、心身特性に隔てのない要素取得を指します。もし要素が捉えられなければ、スクリーンリーダーなどの支援技術を利用するユーザーに、期待通りのコンテンツが届いていないことに気づけます。

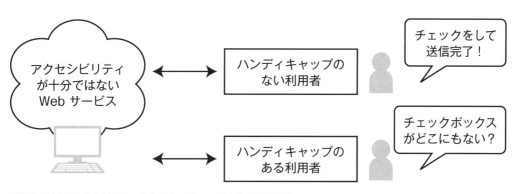

図1-3　Webアクセシビリティを左右するUIコンポーネントの品質

　これらは一例ですが、テスト対象とテストコードを同時に書くことで、様々な観点でコードを見直す機会が生まれるので、実装品質に対してより自信を持つことができます。

●円滑なコラボレーションのため

　チーム開発では、自分以外の開発者への気づかいが大切です。コードレビュー文化がある開発現場は多いでしょう。レビュワーは、コードを上から順番に読んでも、考慮漏れや誤りが本当にないかは確信が持てません。動作確認なども含めると、レビューにたくさんの時間を要します。新しいプロジェクトに参画したときは、コードやドキュメントを読み込みます。ほかにも開発サーバーを立ち上げて動作確認をしたりと、プロジェクトの全容を把握するのは時間がかかるものです。丁寧な気づかいやコミュニケーションは、チーム全体の開発速度に直結します。そのため多くの開発者は、コード以外に補足情報を残します。

　テストコードは、単純なテキストドキュメントよりも優れた補足情報です（図1-4）。テストには1つずつタイトルが与えられ、どのような機能を提供しているのか、どのような振る舞いを持つのかが記されています。それらのテストをパスしていますから、補足内容と実装内容が異なるということもありません（ただし、タイトルとテスト内容が乖離していることもあるので注意が必要です）。

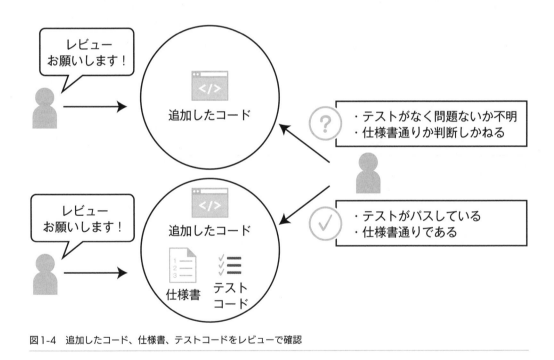

図1-4　追加したコード、仕様書、テストコードをレビューで確認

　技術的な誤りがないかの確認だけでなく、要件を満たしているかの確認もできます。テストコードと仕様書を見比べてコードをチェックできれば、レビュワーの負担は減るでしょう。CIをパスしてからレビュー依頼するルールがあれば、指摘と修正を往復する時間も減ります。

このようにテストコードは、プロダクションコードの概要を共有する手段として、開発者間のコラボレーションを円滑なものにします。

● リグレッションを防ぐため

これからリファクタリングを行う予定があるので、リグレッションを防止する目的でテストを書きたい、という方もいるでしょう。日常的に実施する自動テストは、リグレッション防止に最適です。

細かくモジュール分割することで、モジュール単体の責務やテストはシンプルになります。一方で、モジュール同士の依存関係が発生し、依存先の変更によってリグレッションが発生しやすい構造ができてしまいます。これは、モダンフロントエンド開発が直面する課題です（図1-5）。

モジュール（UIコンポーネント）同士が連動して提供される機能に関するテストは、第7章の結合テストで紹介します。UIコンポーネントの場合、機能とともに見た目（スタイル）を提供します。単体テストを書いていても、見た目のリグレッションは防げません。この課題に対する取り組みは、第9章のビジュアルリグレッションテストで解説します。

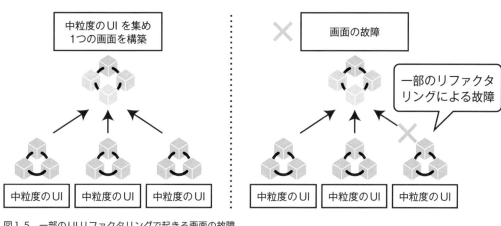

図1-5　一部のUIリファクタリングで起きる画面の故障

1-3 テストを書く障壁

　テストコードを書く目的が定まっていても、次のような消極的な意見が障壁となり、なかなか着手に至らないという声を聞きます。

- テストを書く習慣がなく、どのように書けばよいかわからない
- テストを書いている時間があるなら、機能を追加したい
- メンバーのスキルがまばらで、保守運用に自信が持てない

　チームで自動テストコードを運用するにあたり、これらの障壁とどのように対峙するべきでしょうか。

● テストはどのように書けばよいのか？

　フロントエンド開発現場において「次のプロジェクトでは、新しいライブラリを使用することになった」というのは日常的な出来事です。はじめて使用するライブラリに取り組むとき、公式ドキュメントに書いてある通りに進めていても、作りたいアプリケーションを自在に作れるようになるまでは時間がかかります。

　プロジェクトに、新機能を追加するときのことを思い浮かべてみてください。これまでにプロジェクトにコミットされたコードを参考にしながら、ガイドラインに従ったコーディングをするはずです。これは、ドキュメントを眺めているよりもずっと、習得速度の速い学習方法です。テストコードも同じく、プロジェクト内に参考になるコードがたくさんあれば、習得速度は速くなります。

　もしプロジェクト内に参考になるテストコードがなければ、本書のサンプルコードを参考にしてみてください。見よう見まねやコピー＆ペーストであっても、反復して繰り返すことで、テストコードを書くスキルは向上します。上達への近道は、実装例をたくさん見て練習することです。本書はその練習に活用してほしいという想いのもと、現場で書かれるテストコードに近い具体的な実装例で構成しています。

　本書は様々なテスト手法について解説していますが「全て導入するのは難しそうだ」と感じるかもしれません。まずはコツを掴んで、どれだけ書くべきかを関係者間で検討してみてください。「テストコードを書く障壁」を取り除く第一歩として、基本的なテストコーディングスキルを身につけていきましょう。

● テストを書く時間はどう作る？

　テストコードの必要性を認識していても「テストを書く時間がない」という声をよく聞きます。テストコードもコミットするとなると、短期的に見て開発スピードは落ちます。十分な時間確保のために、素早くテストコードを書けるよう上達するほかありませんが、誰もがテストコードを素早く書けるとは限りません。

　プロジェクトコード、テストコードを同時にコミットするためには、それに見合う十分な時間確保が必要です。そのためには、自動テストコードを開発項目として計上し、チームのプランニングに反映することが大切です。そのため「自動テストコードは必要なものである」という合意をチームで形成する必要があります。

　フロントエンドコードの寿命は短いといわれることがあります。これは、フレームワークやライブラリの変化の速さから来るものかもしれません。確かに、時間をかけて作っても、ある程度の時間が経過したら作り替えるというのは事実です。「作り替えが前提だからテストコードは書かなくてもよい」という意見もあるようですが、筆者の経験からは必ずしもそうだとは思いません。

　筆者はあるプロジェクトで、リリースしてからたった半年でUIを刷新するという経験をしたことがあります。スピード重視でリリースしたプロジェクトでしたが、企業ブランディングにあわせてUIをしっかり作り直そう、という取り組みでした。機能をそれなりに作り込んでいたため、大幅な変更はないだろうと構えていた筆者にとって、これは全く予想していなかった出来事でした。

　このプロジェクトは幸いテストコードを書く習慣があったので、心配することなく大掛かりな変更に取り組むことができました。移行中、機能が壊れたことをテストが教えてくれたことは心強く、スピーディに完了することができました。

● テストを書くと時間が節約できる理由

　テストを書くことは、短期的に見ると個人の時間がとられる活動ですが、長期的に見るとチームの時間は節約できます。これがどういうことか「ある開発者が実装した機能にバグが含まれていた」という前提で比較してみましょう。機能実装に16時間、自動テストのコミットに4時間がかかる前提とします。

　自動テストをコミットした場合、4時間のうちに早期にバグを発見し、解消することができました。かかった時間の合計は20時間です。自動テストをコミットしなかった場合、かかった時間の合計は16時間です。「自動テストをコミットしないほうが速い」という人の言い分はこのようなものです。

　しかし、テストエンジニアによる手動テストの段階でバグが見つかりました。バグ報告のチケットを起票し、開発者に修正依頼をし、バグが修正されているかを再検証する、いわゆる

「手戻り」です。この手戻り対応には、4時間はゆうにかかります。自動テストをコミットしていなかったとしても、手戻りの時間を合算すると20時間以上はかかるということです。

　前者と後者を比較すると、時間としての差分はさほどないように思えますが、「資産として自動テストコードが残るか否か」に差が出ます。そして長期的に見ると、自動テストコードが書かれていれば起こらなかったリグレッションが、運用段階で発生して時間を浪費します（図1-6）。

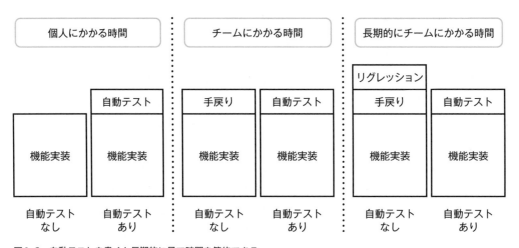

図1-6　自動テストを書くと長期的に見て時間を節約できる

　ここで示した例はざっくりとした定量値で、バグが起こる前提ではありますが「トータルで見ると、自動テストコードを早期にコミットしていたほうが時間の節約になる」という感覚を掴めるはずです。**テストを書くことで節約できる時間というのは、チームに与えられた有限な時間です。**開発と同時に自動テストコードをコミットすることが、長期的に見ると、チームに有益であるということを共有していきましょう。

● テストを全員が書くためには？

　テストが開発と同時に書かれない理由として「プロジェクトでこれまで誰も書いてこなかったから」というものがあります。リリースを終え、運用フェーズに入ったプロジェクトは、すでにあるコードから逸脱することは難しいです。今まで書かれていなかったがために、書かなくてもよいという暗黙のルールができてしまっている状況です。

　「後からテストを書く」というアプローチは、ステークホルダーを巻き込み、マイルストーンを設定し、数人で取り組むような大掛かりなものになりがちです。これは想像以上に大変で、筆者も「後からテストを書く」と判断したプロジェクトで後悔した経験があります。時間の経過とともに、テストを書くべき対象もどんどん増えていき、実現難易度は増すばかりです。もちろん大掛かりな取り組みでも解決はできますが、このような状況を作ってしまう前に手を打ちたいところです。

　筆者は、チームにテストを書く文化が根づくか否かは、初期設計段階で決まると考えています。コードが小さいうちから方針を示しておくことで、どのように書けばよいのかという共通認識が生まれます。**前例をコミットしておけば、テストに不慣れなメンバーでも、前例を参考にある程度のテストが書けるようになります。**

　「テストを書く時間がない」理由と同じように、チームメンバー全員がテストを書くためには、前例となるテストを早期に書いておくことが重要です。前例となるテストコードの一参考として、本書を活用いただければ幸いです。

## 第2章

テスト手法とテスト戦略

2-1 範囲と目的で考えるテスト

　本書では多くのテスト手法を取り上げているため、何から着手すればよいのかわからないと感じるかもしれません。詳細なテスト手法の章に進む前に、まずは本章で「フロントエンドテストの範囲と目的」について理解を深めることをおすすめします。

　闇雲に取り組むよりも「範囲」と「目的」の組み合わせを理解し、適切な自動テストをコミットし、確かなメリットを実感していきましょう。

　本章は、本書を読み終えた方にとって、まとめの章としても活用できます。一通りの概要を掴んだ後にこの章を読み返すことで、フロントエンドテストの全容について、より理解が深まるでしょう。

● テストの範囲

　Webアプリケーションコードは、様々なモジュールを組み合わせて実装します。例えば1つの機能を提供するためには、次のような一連のモジュール（システム）が必要です。

① ライブラリが提供する関数
② ロジックを担う関数
③ UIを表現する関数
④ Web API クライアント
⑤ APIサーバー
⑥ DBサーバー

　フロントエンドの自動テストを書くとき、この①〜⑥のうち「どこからどこまでの範囲をカバーしたテストであるか」を意識する必要があります。Webフロントエンド開発におけるテストの範囲（テストレベル）は、概ね次の4つに分類されます。

静的解析

　TypeScriptやESLintによる静的解析です。一つ一つのモジュール内部検証だけでなく、②と③の間、③と④の間、というように「隣接するモジュール間連携の不整合」に対して検証します。

単体テスト

②のみ、③のみ、というように「モジュール単体が提供する機能」に着目したテストです。独立した検証が行えるため、アプリケーション稼働時にはめったに発生しないケース（コーナーケース）の検証に向いています。

結合テスト

①〜④まで、②〜③までというように「モジュールをつなげることで提供できる機能」に着目したテストです。範囲が広いほどテスト対象を効率よくカバーすることができますが、相対的にざっくりとした検証になる傾向があります。

E2Eテスト

①〜⑥を通し、ヘッドレスブラウザ + UI オートメーションで実施するテストです。最も広範囲な結合テストともいえるもので、アプリケーション稼働状況に忠実なテストです。

● テストの目的

テストは目的によって「**テストタイプ**」に分類されます。ソフトウェアテストで有名なテストタイプが「機能テスト、非機能テスト、ホワイトボックステスト、リグレッションテスト」です。

テストタイプは検証目的に応じて設定され、テストタイプごとに適したテストツールが存在します。ツール単体で実現するものもあれば、組み合わせることで実現するものもあります。Web フロントエンドテストにおいて代表的なテストタイプとしては、次のものが挙がります。

機能テスト（インタラクションテスト）

開発対象の機能に不具合がないかを検証するのが「**機能テスト**」です。Web フロントエンドにおける開発対象機能の大部分は、UI コンポーネントの操作（インタラクション）が起点となります。そのため、インタラクションテストが機能テストそのものになるケースが多く、重要視されます。本物のブラウザ API を使用することが重要なテストの場合、ヘッドレスブラウザ + UI オートメーションを使用して自動テストを書きます。

非機能テスト（アクセシビリティテスト）

非機能テストのうち、心身特性に隔てのない製品を提供できているかという検証が「**アクセシビリティテスト**」です。近年、Web アクセシビリティに関する API が様々なプラットフォームで展開されており、自動テストでも客観的に判定できる環境が整っています。

リグレッションテスト

　特定時点から、前後の差分を検出して想定外の不具合が発生していないかを検証するテストが「**リグレッションテスト**」です。Webフロントエンドにおける開発対象の大部分が見た目（ビジュアル）を持つUIコンポーネントであることから、「**ビジュアルリグレッションテスト**」が重要視されます。

2-2 フロントエンドテストの範囲

　Webフロントエンドテストの範囲について、さらに詳しく解説します。

● 静的解析

　TypeScriptによる**静的解析**は、バグの早期発見に欠かせない存在です。ランタイムの挙動を再現する型の絞り込みは特に優れています。例えば、if文による分岐で値を安全に扱えるようになります（リスト2-1）。

▶ リスト2-1　ランタイム挙動を再現する型推論

`TypeScript`

```TypeScript
function getMessage(name: string | undefined) {
  const a = name; // a: string | undefined
  if (!name) {
    return `Hello anonymous!`;
  }
  // if文の分岐とreturnによりundefinedではないと判定される
  const b = name; // b: string
  return `Hello ${name}!`;
}
```

　また、関数の戻り値が期待通りになっているかを検証するのに役立ちます。リスト2-2では、戻り値の型がstring | undefined（文字列またはundefined）とならないよう、関数のブロック末尾で例外をスローしています。この処理により文字列を必ず返すことになるため、返り値は必ずstring型である、という型推論になります。

▶ リスト2-2　戻り値型推論はstring | undefinedのため一致せず、型エラーとなる

TypeScript

```typescript
function checkType(type: "A" | "B" | "C"): string {
  const message: string = "valid type";
  if (type === "A") {
    return message;
  }
  if (type === "B") {
    return message;
  }
  // 例外発生有無によって、関数の戻り値型推論が変わる
  // throw new Error('invalid type')
}
```

　コーディングガイドラインのためのESLintも、静的解析のうちの1つです。不適切な構文を回避することで、潜在的なバグの混入を未然に防ぐ効果があります（リスト2-3）。ライブラリ開発者が提供する、当該ライブラリ向けの推奨設定も導入すべきでしょう。正しい使用方法が促されるため、将来的に非推奨になるAPIに気づける、といったメリットがあります。

▶ リスト2-3　ライブラリが推奨するコーディングガイドライン違反

TypeScript

```typescript
useEffect(() => {
  console.log(name);
}, []);
```
依存している参照値nameを配列に含むべき、というLintエラーが発生

● 単体テスト

　単体テストは最も基本的なテストです。テスト対象モジュールが、定められた入力値から期待する出力値が得られるかをテストします。SPA開発において、UIコンポーネントはテストしやすい対象です。入力値（Props）から出力値（HTMLのブロック）を得るUIコンポーネントは、関数の単体テストと同じ要領でテストができます。

　モジュールによっては、めったに発生しないケース（コーナーケース）に限り、処理を中断したほうがよいと判断されることがあります。このとき「どういった条件」で例外をスローするべきかという検討に、単体テストは役立ちます。「このような条件になり得ないか？」「なり得るならどう処理すべきか？」といった検討を重ねることにより、コードの考慮漏れに気づくきっかけとなります（図2-1）。

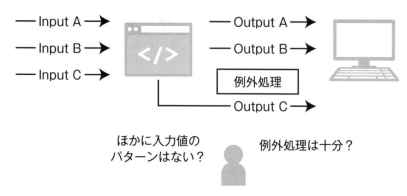

図2-1　単体テストで関数の考慮漏れがないか検討する

● 結合テスト

　結合テストは、複数モジュールが連動する機能に着目したテストです。大きなUIコンポーネントは単体で機能提供することはほとんどなく、複数モジュールを組み合わせることにより機能します。この機能は主に、インタラクションを通して提供されます。Webアプリケーションの要素一覧画面について考えてみましょう。

① セレクトボックスを操作する
② URLの検索クエリーが変化する
③ 検索クエリーの変化により、データ取得APIが呼ばれる
④ 一覧表示内容が更新される

　このように「セレクトボックスを操作する」というたった1つのインタラクションで、最終的に「一覧表示内容が更新される」という処理までが実施されます。「①を実行したら④が実行されること」というテストが、この機能に着目した結合テストです。
　①～④の例は範囲の広い結合テストですが、①～②までのように、範囲の狭い結合テストも効果があります。コーナーケースの組み合わせで複雑になっている場合、狭い範囲で結合テストを行ったほうが、何に対してテストを実施しているのかがより明確になるためです。

● E2Eテスト

　UIテストに加え、外部ストレージや連携するサブシステムを含むテストを、本書では「**E2Eテスト**」（End to Endテスト）と称します。入力内容に応じて保存された値が更新されるので、画面をまたいだ機能はもちろん、外部連携が正常に機能しているかを検証できます。

2-3 フロントエンドテストの目的

Webフロントエンドテストの目的について、さらに詳しく解説します。

● 機能テスト（インタラクションテスト）

　Webフロントエンドの主な開発対象は、ユーザーが操作するUIコンポーネントです。操作を与えることによって状態が変化し、ユーザーが求める情報を提供、更新します。そのため、インタラクションテストが機能テストそのものになるケースが多く、本書で紹介するテストコードはインタラクションテストが大半を占めます。

　インタラクションテストと聞くと、実際のブラウザ（Chromiumなど）をヘッドレスモードで起動し、UIオートメーションで実施するテストが思い浮かびます。しかし、Reactなどのライブラリで実装されたUIコンポーネントにおいては、ブラウザなしでもインタラクションテストができる環境が整っています。詳細は後の章で解説しますが、これは「仮想ブラウザ環境」でテストを実行しているためです。

実際のブラウザなしでも可能なインタラクションテスト具体例

- ボタンを押下すると、コールバック関数が呼ばれる
- 文字を入力すると、送信ボタンが活性化する
- ログアウトボタンを押下すると、ログイン画面に遷移する

図2-2　実際のブラウザなしでも可能なインタラクションテストの具体例

実際のブラウザがなければ成立しない機能テストは、ヘッドレスブラウザ＋UIオートメーションを使用します。これは、スクロールやセッションストレージなどの機能が、仮想ブラウザ環境において不十分なためです。本番と同等の環境、つまりブラウザ環境を忠実に再現する必要のある機能テストは、こちらを選択します。

実際のブラウザが必要なインタラクションテスト具体例

- 最下部までスクロールすると、新しいデータがロードされる
- セッションストレージに保存した値が復元される

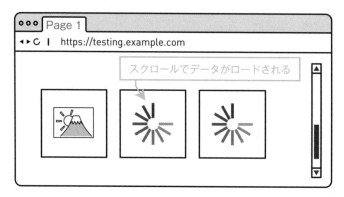

図2-3　実際のブラウザが必要なインタラクションテスト具体例

● 非機能テスト（アクセシビリティテスト）

アクセシビリティテストは、非機能テストのうちの1つです。アクセシビリティテストと一口にいっても、検証項目は多岐にわたります。「キーボード入力による操作が充実しているか」「視認性に問題のないコントラスト比となっているか」という検証項目では、それぞれ適したツールが異なります。

とはいえ、本書で解説するアクセシビリティテストは機能テストで使用するツールと同じ「仮想ブラウザ環境／実際のブラウザ環境」を利用します。機能テスト＋αという感覚で取り組めるため、アクセシビリティ品質向上のきっかけに適しています。

アクセシビリティテスト具体例

- チェックボックスとして、チェックできる
- エラーレスポンスが表示された場合、エラー文言が読み上げ対象としてレンダリングされる
- 表示している画面で、アクセシビリティ違反がないか調べる

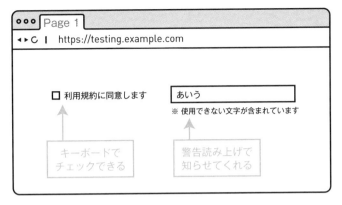

図2-4　アクセシビリティテスト

● ビジュアルリグレッションテスト

　CSSはUIコンポーネントに定義されたスタイルだけでなく、ブラウザに読み込まれたCSS全てから影響を受けます。ヘッドレスブラウザに描画された内容をキャプチャし、キャプチャ画像を比較することで見た目のリグレッションが発生していないかを検証します。表示されたUIコンポーネントの画像比較にとどまらず、ユーザー操作を与えたことにより変化したUIコンポーネントの画像比較も可能です。

ビジュアルリグレッションテスト具体例

- ボタンの見た目に、リグレッションがない
- メニューバーを開いた状態に、リグレッションがない
- 表示された画面に、リグレッションがない

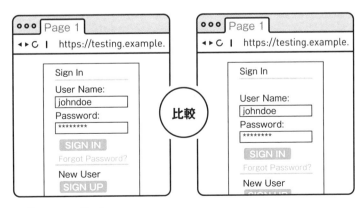

図2-5　ビジュアルリグレッションテスト

23

2-4 テスト戦略モデル

　これまでに説明してきたテストの種類は、図2-6のようにいくつかの層に分類して考えることができます。上層のテストは忠実性の高いテスト（本物に近いテスト）になることが期待できます。初見では、忠実性の高いテストをたくさん揃えたほうが、よりよいテスト戦略となるように思えます。しかし、上層のテストほどメンテナンスの工数が必要とされ、実行時間がかかります。

　上層のテストは、実行するにあたり本物に近いテスト環境を揃えます。具体的には、テスト用に用意したDBサーバーを起動してセットアップするといった工程が必要になります。ほかにも、テストを実行する度に、連携する外部システムのレスポンスを全て待つ必要があります。

　このテストに必要な「コスト」は開発に与える影響が大きく、開発者間で十分に検討する必要があります。総じて**「コスト配分」をどのように設計して最適化を行うか**が、テスト戦略最大の検討事項となります。この検討事項に対してどう取り組むべきかについて、先人が提案したテスト戦略モデルを紹介します。

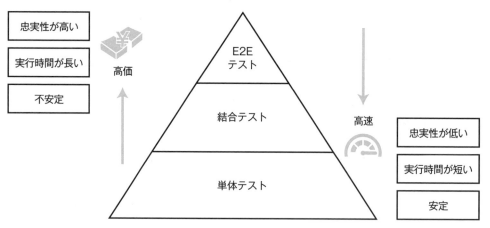

図2-6　テストの範囲とコストの相関関係

● アイスクリームコーン型、テストピラミッド型

　上層のテストが多く書かれた「**アイスクリームコーン**」は、戦略モデルのアンチパターンとして参照されるモデル図です。運用コストが高いだけでなく、稀に失敗する不安定なテストがより多くのコストを必要とします。

　もし全てのテストがパスするまでに何十分もかかってしまうと、日常的な開発フローに影響が出ます。自動テストによって開発体験が著しく低下するという、本末転倒の悪影響が生じてしまいます。この対策として実行頻度を落としてしまっては、自動テストの信頼性が疑わしくなります。

　「**テストピラミッド**」とは、Mike Cohn氏による2009年の著書『Succeeding with Agile』で紹介されたテスト戦略モデル図です。この戦略モデルでは「テストレベルごとにどれほどテストを書くべきか？」という観点が示されています。下層のテストを多く書くことで、より安定した費用対効果の高いテスト戦略になる、ということが提唱されています。

　ブラウザを含む上層のテストは、実行時間に関するコストが高いです。そのため、下層のテストを充実させることで、安定かつ高速なテスト戦略とすることができます。テストピラミッドが優れているという観点は、フロントエンドの自動テストにおいても同じであるといえます（図2-7）。

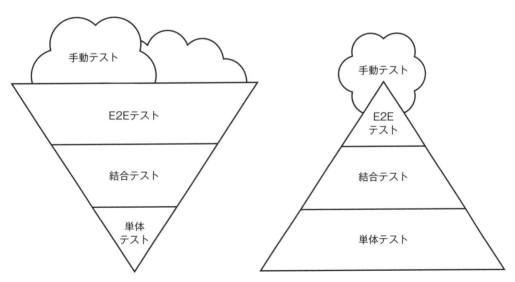

図2-7　アイスクリームコーン型（図左）、テストピラミッド型（図右）の比較

● テスティングトロフィー型

「**テスティングトロフィー**」とは、本書でメインに取り上げる「Testing Library」の開発者、Kent C. Dodds. 氏が提唱するテスト戦略モデル図です。最も比重を置くべきなのは「結合テスト」であるという主旨のものです。

Webフロントエンド開発において、単体のUIコンポーネントだけで成立する機能はほとんどありません。例えば、UIを操作することにより外部Web APIへのリクエストが発生する機能です。このような機能は一般的に、複数のモジュールを組み合わせることにより実現します。

フロントエンドが提供する機能は、ユーザー操作（インタラクション）を起点に提供されます。そのため、ユーザー操作を起点とした結合テストを充実させることこそが、よりよいテスト戦略になるという意図が込められています（図2-8）。

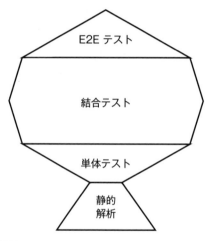

図2-8　テスティングトロフィー型※2-1

Testing LibraryとJestを使用したテストは、ヘッドレスブラウザを用意しなくともユーザー操作が行えるという特徴があります。つまり、実行速度が速く、忠実性の高いテストが叶う可能性が高いことを意味します。

※2-1　**出典**：https://kentcdodds.com/blog/write-tests

2-5 テスト戦略計画

　テスト戦略モデル図を参考に、プロジェクトに最適なテスト手法を選択していきます。自分達のプロジェクトに向き合い「テスト対象は何なのか？」「目的は何なのか？」という判断基準を持つことが大切です。プロジェクトのテスト戦略を決定するにあたり、判断基準の一例を紹介します。

●テストがなく、リファクタリングに不安がある場合

　リリース済みのプロジェクトにテストがない場合、リファクタリングの取り組みに不安が伴います。まず、リリース済みの機能にどういったものがあるかをリストアップしましょう。「変更前後で欠陥が混入していないこと」というテストは、リグレッションテストに相当します。リグレッションテストを書くことによって、ソースコードの積極的なリファクタリングに取り組めます。

　Web APIサーバーへの依存が綺麗に分割されていない場合、テストが書きづらく手詰まりになることがあります。このときおすすめなのが、モックサーバーを使用した結合テストです。ソースコードを修正せずにテストが書けるようになる場合があるため「リファクタリングする前にテストを書く」という需要に応えます。リリース済みのプロジェクトの場合は特に効果的でしょう。

　段階的に結合テストを増やすことで、リファクタリングに取り組める箇所が増えてきます。リファクタリングやテスト拡充という工程で、より安定したピラミッド型を目指していくとよいでしょう（図2-9）。

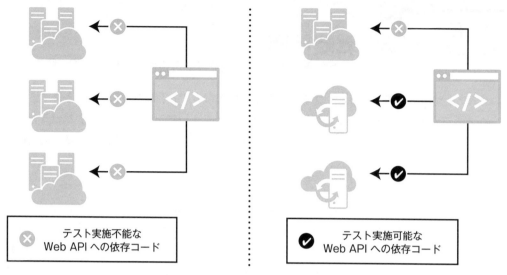

図2-9　モックサーバーに差し替え、段階的にテストを書いていく

モックサーバーを使用した具体的な結合テスト手法については、第7章で紹介します。

● レスポンシブレイアウトを含むプロジェクトの場合

レスポンシブレイアウトは、1つのHTMLドキュメントで複数の見た目を提供します。JavaScriptやユーザーエージェントによる表示分岐だけではなく、CSS定義による表示分岐処理が多く含まれます。レスポンシブレイアウトの場合、PC向けにスタイル修正を行ったつもりが、SP（スマートフォン）側にも影響してしまった、ということが起こり得ます（図2-10）。

Testing Libraryを使用したテストでは、スタイルを含むテストを十分に書くことができません。そのため、デバイス間で異なるスタイルが提供される場合、CSS定義を解釈して表示結

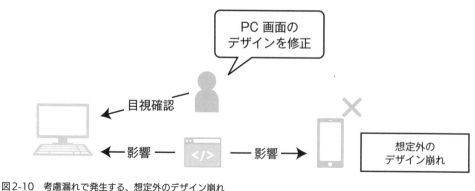

図2-10　考慮漏れで発生する、想定外のデザイン崩れ

果を検証するブラウザテストが必要です。こういったシーンにおいて、ブラウザを用いたビジュアルリグレッションテストが支えになります。

Storybookが導入されている場合、UIコンポーネント単位でビジュアルリグレッションテストが可能になります。レスポンシブレイアウトを含むプロジェクトの場合、Storybookを活用したテスト手法を中心に据え、不足しているテストを拡充していくとよいでしょう。

Storybookを使用したUIコンポーネントのテストは第8章で、reg-suitを使用したビジュアルリグレッションテストは第9章で紹介します。

● データ永続層を含めたE2Eテストを行いたい場合

モックサーバーではなく実際のWeb APIサーバーを含めたE2Eテストを行いたい場合、テスト用のステージング環境を使用します。ステージング環境とは、より本番環境に近い構成をテスト用に用意した環境のことを指します。E2Eテストはプロジェクトリリース前に、テスト計画書にもとづくテストエンジニアの手動テストが実施されることが多いですが、ブラウザを用いたUIオートメーションで行うこともあります[※2-2]。

また、ステージング環境を準備しない自動テストの方法があります。関連システムを再現するテストコンテナーを用意し、CI（継続的インテグレーション）で起動、テスト実行することにより、複数システムの連携をテストする手法です。テスト環境構築コストが比較的少なく、開発担当のエンジニア単独で用意することもできます（図2-11）。

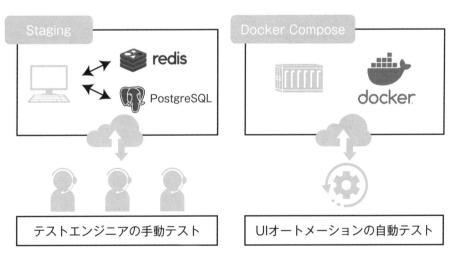

図2-11　ステージング環境とテストコンテナーの違い

- - - - - - - - - -
※2-2　ブラウザを用いたUIオートメーションは、アイスクリームコーン型のテスト戦略になりがちです。明確な目的を持ち、狭い範囲でまかなえるテストではないか、取り組む前に再検討しましょう。

E2Eテスティングフレームワークの使い方だけでなく、コンテナー型仮想化環境の知識、関連システムの初期セットアップ知識が必要です。永続層を含めたE2Eテスト手法については、第10章で紹介します。

テストを書きすぎていないかの見直しを

これまで紹介したように、テストタイプやテスト戦略は多種多様です。複数のテストを書いているうちに、守備範囲が重複していることに気づくかもしれません。前述のようにStorybookやE2Eテストが重要と判断した場合、UIコンポーネントテストはエラーパターンのみで十分だという意見も出るでしょう。

このような重複は、テストを拡充するときに気づきます。「これまで書いていたテストは、このくらい書いていたので」という指標は、チームで共有しやすい共通認識です。しかし、プロジェクト全体で書かれているテストを俯瞰してみたときに「少し書きすぎでは？」と感じるのはよくあることです。

過剰に書いたテストは、思い切って減らしていくことも大切です。本書のサンプルは、学習向けにかなり手厚くテストコードを書いていますが、どんなプロジェクトにも最適なものとは限りません。自分達のプロジェクトに向き合い、技術構成と照らし合わせながら「どういったテスト戦略が自分達の目的に合致するか」という視点を、常に持ち続けるとよいでしょう。

はじめの単体テスト

3-1 環境構築

　本書で解説するテストコードは、テスティングフレームワークに「Jest」を使用していま
す。Jestは、JavaScript／TypeScriptプロジェクトで人気のテスティングフレームワーク、テ
ストランナーです[3-1]。少ない設定ではじめることができ、モックの仕組みやコードカバレッジ
収集の機能がはじめから備わったMeta社（Facebook社）発のOSSです。

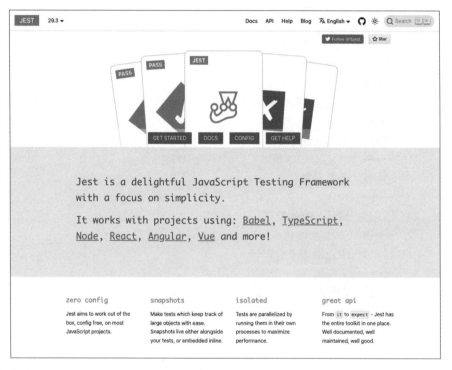

図3-1　Jest

※ 3-1　https://jestjs.io/

● 開発環境の準備

開発環境には、最新のNode.jsがインストールされていることを確認してください。本書執筆時点で最新LTSのNode.jsは「18.13.0」です。インストールが完了したら、以下のサンプルコードリポジトリをクローンしてください。

`URL` https://github.com/frontend-testing-book/unittest

クローンが完了したら、次のコマンドで依存モジュールをインストールします。これでテストコードを実行する環境が整いました。

bash
```
$ npm i
```

● サンプルコードリポジトリの構成

このサンプルコードリポジトリには、本書の第3章〜第6章で解説する内容が含まれています。実際にテストコードを実行し、動かしながら理解を深めることをおすすめします。

▶ フォルダ構成図

```
src
├── 03
├── 04       それぞれ第3章〜第6章の内容に対応
├── 05
└── 06
```

3-2 テストの構成要素

テストを構成する要素の役割と名称について解説します。

サンプルコード　src/03/02

● 一番簡単なテスト

次の関数は、「和」を求める関数です（リスト3-1）。第一引数（a）と第二引数（b）を加算した式の結果を返します。

▶ リスト3-1　src/03/02/index.ts

```TypeScript
export function add(a: number, b: number) {
  return a + b;
}
add(1, 2); ◀                                          結果は3になる
```

この関数に対するテストは、次の通りです（リスト3-2）。1と2の和が、3であることを検証しています。

▶ リスト3-2　src/03/02/index.test.ts

```TypeScript
import { add } from "./";

test("add: 1 + 2 は 3", () => {
  expect(add(1, 2)).toBe(3);
});
```

テストは実装ファイルとは別の「テストファイル」に記述し、テスト対象（この例ではadd関数）をimport文で読み込み、テストします。

- 実装ファイル：src/03/02/index.ts
- テストファイル：src/03/02/index.test.ts

本書のサンプルコードは「実装ファイル名称.ts」に対し、テストファイルは「実装ファイル名称.test.ts」という命名規則でコミットしています。テストファイルの配置場所は、必ず実装ファイルの隣に置かなければいけない、という決まりはありません。リポジトリルートに`__tests__`というディレクトリを用意し、その中に配置するパターンもメジャーです。

● テストの構成要素

　1つのテストは、Jestが提供するAPIの`test`関数で定義します。`test`関数は、2つの引数によって構成されます。

TypeScript

```typescript
test(テストタイトル, テスト関数);
```

　第一引数であるテストタイトルは、テストの内容を平易に表すタイトルを与えます。

TypeScript

```typescript
test("1 + 2 は 3");
```

　第二引数であるテスト関数には「**アサーション**」を書きます。アサーションとは「検証値が期待値通りである」という検証を行う文です。

TypeScript

```typescript
test("1 + 2 は 3", () => {
  expect(検証値).toBe(期待値);
});
```

　アサーションは、`expect`関数に続けて記述する「**マッチャー**」で構成されます。マッチャーはJestから標準で、様々な種類のものが提供されています。

- 【アサーション】expect(検証値).toBe(期待値)
- 【マッチャー】toBe(期待値)

　本節では、等価比較である`toBe`マッチャーを使います。

● テストグループの作成

　関連するいくつかのテストをグルーピングしたい場合、describe関数が利用できます。add関数に対するテストをグルーピングしたい場合、次のように書けます（リスト3-3）。test関数と同じように、describe(グループタイトル, グループ関数)の、2つの引数によって構成されます。

▶ リスト3-3　src/03/02/index.test.ts

```TypeScript
describe("add", () => {
  test("1 + 1 は 2", () => {
    expect(add(1, 1)).toBe(2);
  });
  test("1 + 2 は 3", () => {
    expect(add(1, 2)).toBe(3);
  });
});
```

　test関数はネストできませんが、describe関数はネストができます。例として、次のように減算関数であるsubの、テストグループを追加します（リスト3-4）。add関数グループとsub関数グループは、四則演算に関する関数であるため「四則演算」グループでまとめることができます。

▶ リスト3-4　src/03/02/index.test.ts

```TypeScript
describe("四則演算", () => {
  describe("add", () => {
    test("1 + 1 は 2", () => {
      expect(add(1, 1)).toBe(2);
    });
    test("1 + 2 は 3", () => {
      expect(add(1, 2)).toBe(3);
    });
  });
  describe("sub", () => {
    test("1 - 1 は 0", () => {
      expect(sub(1, 1)).toBe(0);
    });
    test("2 - 1 は 1", () => {
      expect(sub(2, 1)).toBe(1);
    });
  });
});
```

3-3 テストの実行方法

作成したテストを開発環境で実行するには、大きく分けて2つの方法があります。

● CLIから実行する方法

Jestがインストールされているプロジェクトのpackage.jsonに、次のnpm scriptを追加します（ダウンロードしたサンプルコードには、はじめから記述されています）。

`json`

```json
{
  "scripts": {
    "test": "jest"
  }
}
```

この状態で次のコマンドを実行します。プロジェクトに含まれるテストファイルを探し、全て実行します。

`bash`

```bash
$ npm test
```

全てのテストを実行するには、ある程度時間がかかります。次のようにファイルパスを指定すると特定のテストファイルだけが実行されるので、時間を節約できます。

`bash`

```bash
$ npm test 'src/example.test.ts'
```

テストコードを新たに追加するときは、このように1つずつ実行しながらテストコードを書き進めます。

● Jest Runnerから実行する方法

ファイルパスを手動入力するのは、やや手間のかかる作業です。Visual Studio Code（以下VSCode）のようなコードエディタには、Jest向けの拡張機能が用意されている場合があります。VSCodeの場合「Jest Runner」をインストールしておくと便利です。詳細は次のURLから確認できます。

URL https://marketplace.visualstudio.com/items?itemName=firsttris.vscode-jest-runner

　インストールが完了すると、テスト／テストグループの左上に「Run | Debug」というテキストが現れます。この「Run」を押下することで、対象のテスト／テストグループがVSCode上のターミナルで実行されます（表3-1）。この拡張機能は、ターミナルに実行したいテストファイルパスを手動入力する手間が省けるため、テストコードを書くことに集中できます。

表3-1　Jest Runnerのインストール前後の比較

Jest Runnerインストール前	Jest Runnerインストール後
```describe("add", () => { test("1 + 1 は 2", () => { expect(add(1, 1)).toBe(2); }); test("1 + 2 は 3", () => { expect(add(1, 2)).toBe(3); }); });```	```Run	Debug describe("add", () => { Run	Debug test("1 + 1 は 2", () => { expect(add(1, 1)).toBe(2); }); Run	Debug test("1 + 2 は 3", () => { expect(add(1, 2)).toBe(3); }); });```

　全てのテストを実行したい場合はターミナル上でnpm testを実行し、特定のテストを実行したい場合はJest Runner経由で実行することをおすすめします。

● 実行結果の見方

　テストを実行すると、プロジェクト内に見つかった対象テストファイルの実行結果が、一行ずつ表示されます。行頭に「PASS」と記されているのは、成功したテストファイルです。

```bash
PASS  src/03/06/index.test.ts
PASS  src/03/05/index.test.ts
PASS  src/03/07/index.test.ts
PASS  src/04/06/index.test.ts
PASS  src/04/04/index.test.ts
```

テストが全て成功した場合

　一通りテストが完了すると、結果概要が表示されます。29件のテストファイル（Test Suites）が見つかり、126件中122件のテストが成功（4件はスキップ≒保留）、実行時間に

14.82秒かかった旨が記されています。

```bash
Test Suites: 29 passed, 29 total
Tests:       4 skipped, 122 passed, 126 total
Snapshots:   9 passed, 9 total
Time:        11.205 s
Ran all test suites.
✨  Done in 14.82s.
```

テストが一部失敗した場合

　テストが失敗した場合を見てみましょう。サンプルコードの次の箇所を変更し「1 + 1 = 3」という、明らかに失敗するテストに変更してみます（リスト3-5）。

▶ リスト3-5　src/03/02/index.test.ts

```typescript
// test("1 + 1 は 2", () => {
//   expect(add(1, 1)).toBe(2);
// });
test("1 + 1 は 3", () => {
  expect(add(1, 1)).toBe(3);
});
```

　変更を保存してテストを実行すると、該当ファイルの行頭に赤字で「FAIL」と記されることが確認できます。

```bash
 FAIL  src/03/02/index.test.ts
```

　ターミナルのメッセージには、テストが失敗した箇所や失敗した理由について、詳細な報告が記されています。Expected: 3,Received: 2という表記は「1 + 1 = 3を期待したが、実際は2だった」という報告です。

```bash
 FAIL  src/03/02/index.test.ts
  ● 四則演算 › add › 1 + 1 は 3

    expect(received).toBe(expected) // Object.is equality
```

```
Expected: 3
Received: 2

  4 |   describe("add", () => {
  5 |     test("1 + 1 は 3", () => {
> 6 |       expect(add(1, 1)).toBe(3);
    |                         ^
  7 |     });
  8 |     test("1 + 2 は 3", () => {
  9 |       expect(add(1, 2)).toBe(3);

  at Object.<anonymous> (src/03/02/index.test.ts:6:25)
```

結果概要を確認すると、先ほどと変わり1件のテストが失敗している様子が伺えます。

```
Test Suites: 1 failed, 28 passed, 29 total
Tests:       1 failed, 4 skipped, 121 passed, 126 total
Snapshots:   9 passed, 9 total
Time:        9.587 s
```

　この例では明らかにテストコードが誤りであるため、テストコードを正すのが正解です。「テストコードもテスト対象も間違いないように見えるが、テストがパスしない」という場合は、どちらかに不具合が含まれている証拠です。報告内容を手がかりに、不具合を見つけて正しましょう。

3-4 条件分岐

　テストは、テスト対象のモジュールが「意図通り（仕様通り）に実装されているか？」を検証するのに役立ちます。プログラムが複雑な場合、バグが混入する要因は「条件分岐」に起因するものが代表的です。そのため、条件分岐に着目してテストを書くことが、基本的な活動になります。

サンプルコード　src/03/04

● 上限のある加算関数のテスト

冒頭で紹介したadd関数は、第一引数と第二引数の「和」を求める単純なものです（リスト3-6）。

▶ リスト3-6　src/03/04/index.ts

```typescript
export function add(a: number, b: number) {
  return a + b;
}
add(1, 2);
```

通常、このような単純な計算は、プログラムに直接「+」演算子を書いてしまえば十分です。わざわざ関数に切り出して定義するのは、定型的な処理をまとめたいという動機が伴うことがほとんどです。

例として、add関数に「返り値の合計は、上限が100である」という処理を追加してみましょう（リスト3-7）。

▶ リスト3-7　src/03/04/index.ts

```typescript
export function add(a: number, b: number) {
  const sum = a + b;
  if (sum > 100) {
    return 100;
  }
  return sum;
}
```

対応するテストは、次の通りです（リスト3-8）。いずれのテストもパスします。

▶ リスト3-8　テスト内容詳細を表現するタイトル

```typescript
test("50 + 50 は 100", () => {
  expect(add(50, 50)).toBe(100);
});
test("70 + 80 は 100", () => {
  expect(add(70, 80)).toBe(100);
});
```

しかし、一般的に「70 + 80 は 100」という処理は不可解な結果です。そのため、このテストタイトルは、関数が提供する機能を表す、もっと相応しいものに再考すべきです（リスト3-9）。

▶ リスト3-9　テスト対象の機能を表現するタイトル

`TypeScript`

```typescript
test("返り値は、第一引数と第二引数の「和」である", () => {
  expect(add(50, 50)).toBe(100);
});
test("合計の上限は、'100'である", () => {
  expect(add(70, 80)).toBe(100);
});
```

　この関数を後から利用するときにも、このようなテストコードがあれば「どういった意図があり、このような処理が施されているのか？」がはっきりします。

● 下限のある減算関数のテスト

　同様に、減算するsub関数にも「返り値の合計は、下限が0である」という条件を追加してみましょう（リスト3-10）。

▶ リスト3-10　src/03/04/index.ts

`TypeScript`

```typescript
export function sub(a: number, b: number) {
  const sum = a - b;
  if (sum < 0) {
    return 0;
  }
  return sum;
}
```

　対応するテストコードは、次のようなものになるでしょう（リスト3-11）。

▶ リスト3-11　src/03/04/index.test.ts

`tsx`

```tsx
test("返り値は、第一引数と第二引数の「差」である", () => {
  expect(sub(51, 50)).toBe(1);
});
test("返り値の合計は、下限が'0'である", () => {
  expect(sub(70, 80)).toBe(0);
});
```

3-5 閾値と例外処理

モジュールを利用するとき、使用方法のミスなどで、期待しない入力値が与えられることがあります。期待しない入力値が混入した場合、**例外（エラー）をスロー**することで、実装中のデバッグでいち早く問題に気づけます。

サンプルコード src/03/05

●TypeScriptは入力値の制約を設けられる

冒頭で紹介したadd関数は、第一引数／第二引数にnumber型の値を受け取るよう実装されていました。TypeScriptを採用するプロジェクトでは、関数の入力値である引数に「型注釈」を付与できます。互換性のない値を引数に与えた場合、実行する前に誤りを検出できます（リスト3-12）。

▶ リスト3-12　関数引数に型注釈を付与する

`TypeScript`

```typescript
export function add(a: number, b: number) {
  const sum = a + b;
  if (sum > 100) {
    return 100;
  }
  return a + b;
}
add(1, 2);          ← 型エラーにならない
add("1", "2");      ← 型エラーになる
```

TypeScriptを採用していれば、こういったミスにいち早く気づくことができるため、a、bどちらの入力値も「数値以外は例外をスローする」という実装は不要です。

ただし、静的型付けだけでは不十分なことがあります。より詳細な期待値、例えば特定の範囲に入力値を制限したい場合、ランタイムで例外をスローする実装が必要です。

● 例外をスローする実装

　add関数に「引数a、bは0〜100の数値しか受けつけない」という仕様を追加してみましょう。これは、型注釈だけでは難しい制約です。前節までの実装では、次のように「-10」や「110」も受け取れてしまい、十分な実装とはいえません（リスト3-13）。

▶ リスト3-13　型注釈による制約には限度がある

`TypeScript`

```typescript
test("合計の上限は、'100'である", () => {
  expect(add(-10, 110)).toBe(100);
});
```

　そこで、add関数に次のような処理を追加することで、この仕様を満たすことができます。入力値が期待値を満たさない場合に例外をスローし、合計値を算出する前にプログラムをストップさせます（リスト3-14）。

▶ リスト3-14　入力値が範囲内であるかを検証する実装

`TypeScript`

```typescript
export function add(a: number, b: number) {
  if (a < 0 || a > 100) {
    throw new Error("入力値は0〜100の間で入力してください");
  }
  if (b < 0 || b > 100) {
    throw new Error("入力値は0〜100の間で入力してください");
  }
  const sum = a + b;
  if (sum > 100) {
    return 100;
  }
  return a + b;
}
```

　実装にこの修正を加えたことで、先ほどのテストは、次のメッセージを出力して失敗します（テスト関数の中で処理されない例外が発生することでも、テストは失敗します）。

`bash`

```
入力値は0〜100の間で入力してください
```

　このように、小さな関数に例外スローを含めることで、実装中にいち早く問題のあるコードに気づけます。

● 例外のスローを検証するテスト

　この関数に期待する挙動は「範囲外の値を与えた場合、例外がスローされること」であるため、これを検証するアサーションに変更します。expectの引数は値ではなく「例外発生が想定される関数」を与えます。そして、マッチャーにはtoThrowを使用します。

TypeScript

```
expect(例外スローが想定される関数).toThrow();
```

　「例外スローが想定される関数」とは、次の例のような、アロー関数式でラップした書き方を指します（リスト3-15）。これで「例外がスローされること」を検証できます。

▶ リスト3-15　例外のスローを検証するアサーション

TypeScript

```
// 正しくない書き方
expect(add(-10, 110)).toThrow();
// 正しい書き方
expect(() => add(-10, 110)).toThrow();
```

　試しに、例外がスローされない条件でもテストをしてみましょう（リスト3-16）。

▶ リスト3-16　例外がスローされないため失敗する

TypeScript

```
expect(() => add(70, 80)).toThrow();
```

　こちらは「例外がスローされない」ため、テストは失敗します。

bash

```
expect(received).toThrow()

Received function did not throw

  2 |
  3 | test("例外がスローされないため失敗する", () => {
> 4 |   expect(() => add(70, 80)).toThrow();
    |                             ^
  5 | });
  6 |
```

● エラーメッセージによる詳細な検証

　例外向けのtoThrowマッチャーは、引数を与えることで、スローされた例外の内訳をより詳細に検証できます。先ほどの例では、Errorのインスタンスを生成したとき、"入力値は0～100の間で入力してください"というメッセージを与えていました（リスト3-17）。

▶ リスト3-17　Errorのインスタンスを生成

`TypeScript`

```typescript
throw new Error("入力値は0～100の間で入力してください");
```

　このメッセージをtoThrowマッチャーの引数に与え、検証します（リスト3-18）。

▶ リスト3-18　エラーメッセージが期待通りかを検証

`TypeScript`

```typescript
test("引数が'0～100'の範囲外だった場合、例外をスローする", () => {
  expect(() => add(110, -10)).toThrow("入力値は0～100の間で入力してください");
});
```

　試しに、期待するエラーメッセージを「0～1000」に変更すると、テストの失敗が確認できます（リスト3-19）。

▶ リスト3-19　エラーメッセージが期待と異なるため失敗する

`TypeScript`

```typescript
expect(() => add(110, -10)).toThrow("入力値は0～1000の間で入力してください");
```

　例外は意図的にスローされるもののほか、意図しないバグが原因で発生するものもあります。そのため「意図通りに例外がスローされるか？」という意識を持って取り組むと、より充実したテストが書けるでしょう。

● instanceof演算子による詳細な検証

　拡張したErrorクラスを活用すると設計の幅を増やすことができます。例えばリスト3-20のErrorを拡張した2つの派生クラスです。Errorをextendsしているのみですが、HttpErrorとRangeErrorから生成するインスタンスは、instanceof演算子を使用して異なるインスタンスとして分別できます（リスト3-20）。

▶ リスト3-20　派生クラスは追加実装がなくてもインスタンス検証に役立つ

TypeScript

```typescript
export class HttpError extends Error {}
export class RangeError extends Error {}

if (err instanceof HttpError) {
  // 捉えた例外がHttpErrorインスタンスだった場合
}
if (err instanceof RangeError) {
  // 捉えた例外がRangeErrorインスタンスだった場合
}
```

　この拡張クラスを使って「入力値チェック」の関数を作成してみましょう。引数が0〜100の範囲外の場合、RangeErrorインスタンスをスローするだけの関数です（リスト3-21）。

▶ リスト3-21　RangeErrorインスタンスをスロー

TypeScript

```typescript
function checkRange(value: number) {
  if (value < 0 || value > 100) {
    throw new RangeError("入力値は0〜100の間で入力してください");
  }
}
```

　このcheckRange関数をadd関数に利用してみます。冒頭で示したadd関数と比較すると、aとbで例外がスローされる条件のif (value < 0 || value > 100)を1箇所で管理できているため、よりよい実装になっていることがわかります（リスト3-22）。

▶ リスト3-22　add関数内部でcheckRange関数を使用

TypeScript

```typescript
export function add(a: number, b: number) {
  checkRange(a);
  checkRange(b);
  const sum = a + b;
  if (sum > 100) {
    return 100;
  }
  return a + b;
}
```

そして、checkRange関数でしかスローされないRangeErrorは、テストの検証に利用できます。次のように、toThrowマッチャーの引数にメッセージではなく、importしたクラスを与えられます（リスト3-23）。このように書くことで、スローされた例外が「該当クラスのインスタンスであるか？」を検証できます。

▶ リスト3-23　該当クラスのインスタンスであるかを検証

```
TypeScript
// スローされる例外はRangeErrorなので失敗する
expect(() => add(110, -10)).toThrow(HttpError);
// スローされる例外はRangeErrorなので成功する
expect(() => add(110, -10)).toThrow(RangeError);
// スローされる例外はErrorの派生クラスなので成功する
expect(() => add(110, -10)).toThrow(Error);
```

　注意点は、3つ目の例のようにRangeErrorのスーパークラスであるErrorを指定したときです。異なるクラスでもRangeErrorはErrorの派生クラスにあるため、このテストは成功してしまいます。意図としてはRangeErrorがスローされることを期待しているため、アサーションにはRangeErrorを指定したほうが適切です。

　本節で紹介したサンプルコードを以下にまとめます（リスト3-24）。

▶ リスト3-24　src/03/05/index.ts

```
TypeScript
export class RangeError extends Error {}

function checkRange(value: number) {
  if (value < 0 || value > 100) {
    throw new RangeError("入力値は0〜100の間で入力してください");
  }
}

export function add(a: number, b: number) {
  checkRange(a);
  checkRange(b);
  const sum = a + b;
  if (sum > 100) {
    return 100;
  }
  return a + b;
}
```

```
export function sub(a: number, b: number) {
  checkRange(a);
  checkRange(b);
  const sum = a - b;
  if (sum < 0) {
    return 0;
  }
  return sum;
}
```

追加したテストは、次の通りです（リスト3-25）。

▶ リスト3-25　src/03/05/index.test.ts

```
import { add, RangeError, sub } from "./test3";

describe("四則演算", () => {
  ～～～～～～～ 省略 ～～～～～～～
  describe("add", () => {
    test("引数が'0〜100'の範囲外だった場合、例外をスローする", () => {
      const message = "入力値は0〜100の間で入力してください";
      expect(() => add(-10, 10)).toThrow(message);
      expect(() => add(10, -10)).toThrow(message);
      expect(() => add(-10, 110)).toThrow(message);
    });
  });
  describe("sub", () => {
    ～～～～～～～ 省略 ～～～～～～～
    test("引数が'0〜100'の範囲外だった場合、例外をスローする", () => {
      expect(() => sub(-10, 10)).toThrow(RangeError);
      expect(() => sub(10, -10)).toThrow(RangeError);
      expect(() => sub(-10, 110)).toThrow(Error);
    });
  });
});
```

TypeScript

3-6 用途別のマッチャー

アサーションは、対象の値が期待値を満たしているかを「マッチャー」を使って検証します。そのため「どのような値が期待値なのか？」をテストに記すため、マッチャーのボキャブラリーを身につけていきましょう。

サンプルコード src/03/06

● 真偽値の検証

toBeTruthyは「真」である値に一致します。反対に、toBeFalsyは「偽」である値に一致します。それぞれ、マッチャーの前にnotを加えると、判定を反転できます（リスト3-26）。

▶ リスト3-26　src/03/06/index.test.ts

```TypeScript
test(" 「真の値」の検証", () => {
  expect(1).toBeTruthy();
  expect("1").toBeTruthy();
  expect(true).toBeTruthy();
  expect(0).not.toBeTruthy();
  expect("").not.toBeTruthy();
  expect(false).not.toBeTruthy();
});

test(" 「偽の値」の検証", () => {
  expect(0).toBeFalsy();
  expect("").toBeFalsy();
  expect(false).toBeFalsy();
  expect(1).not.toBeFalsy();
  expect("1").not.toBeFalsy();
  expect(true).not.toBeFalsy();
});
```

nullやundefinedもtoBeFalsyに一致します。しかし、nullやundefinedであることを検証したい場合、より正確なtoBeNullやtoBeUndefinedを使用すべきでしょう（リスト3-27）。

▶ リスト3-27　src/03/06/index.test.ts

`TypeScript`

```typescript
test("「null, undefined」の検証", () => {
  expect(null).toBeFalsy();
  expect(undefined).toBeFalsy();
  expect(null).toBeNull();
  expect(undefined).toBeUndefined();
  expect(undefined).not.toBeDefined();
});
```

● 数値の検証

　数値の検証には、等価比較のほか「大なり比較」「小なり比較」のマッチャーが用意されています（リスト3-28）。

▶ リスト3-28　src/03/06/index.test.ts

`TypeScript`

```typescript
describe("数値の検証", () => {
  const value = 2 + 2;
  test("検証値 は 期待値 と等しい", () => {
    expect(value).toBe(4);
    expect(value).toEqual(4);
  });
  test("検証値 は 期待値 より大きい", () => {
    expect(value).toBeGreaterThan(3);           // 4 > 3を検証
    expect(value).toBeGreaterThanOrEqual(4);     // 4 >= 4を検証
  });
  test("検証値 は 期待値 より小さい", () => {
    expect(value).toBeLessThan(5);               // 4 < 5を検証
    expect(value).toBeLessThanOrEqual(4);        // 4 <= 4を検証
  });
});
```

　JavaScriptでは、小数の計算に誤差が発生します。これは、10進数の小数を2進数に変換するときに生じてしまう症状です。小数の正確な計算ができるライブラリを使用せずに小数計算を検証する場合、toBeCloseToマッチャーを使用します（リスト3-29）。第二引数には、どこまでの桁を比較するのかを指定できます。

`TypeScript`

```typescript
test("小数計算は正確ではない", () => {
  expect(0.1 + 0.2).not.toBe(0.3);
});
test("指定の小数点以下n桁までを比較する", () => {
  expect(0.1 + 0.2).toBeCloseTo(0.3);          ◀——————  デフォルトは小数点以下2桁
  expect(0.1 + 0.2).toBeCloseTo(0.3, 15);
  expect(0.1 + 0.2).not.toBeCloseTo(0.3, 16);
});
```

● 文字列の検証

　文字列の検証には、等価比較のほか「文字列の部分一致toContain」「正規表現toMatch」のマッチャーが用意されています。また、toHaveLengthで文字列の長さを検証できます（リスト3-30）。

▶ リスト3-30　src/03/06/index.test.ts

`TypeScript`

```typescript
const str = "こんにちは世界";
test("検証値 は 期待値 と等しい", () => {
  expect(str).toBe("こんにちは世界");
  expect(str).toEqual("こんにちは世界");
});
test("toContain", () => {
  expect(str).toContain("世界");
  expect(str).not.toContain("さようなら");
});
test("toMatch", () => {
  expect(str).toMatch(/世界/);
  expect(str).not.toMatch(/さようなら/);
});
test("toHaveLength", () => {
  expect(str).toHaveLength(7);
  expect(str).not.toHaveLength(8);
});
```

　stringContainingやstringMatchingは、オブジェクトに含まれる文字列を検証したい場合に使用します。対象のプロパティに、期待値文字列の一部が含まれていれば、テストは成功します（リスト3-31）。

▶ リスト3-31　src/03/06/index.test.ts

TypeScript

```typescript
const str = "こんにちは世界";
const obj = { status: 200, message: str };
test("stringContaining", () => {
  expect(obj).toEqual({
    status: 200,
    message: expect.stringContaining("世界"),
  });
});
test("stringMatching", () => {
  expect(obj).toEqual({
    status: 200,
    message: expect.stringMatching(/世界/),
  });
});
```

● 配列の検証

　配列に特定のプリミティブが含まれているかを検証したい場合、`toContain`を使用します。配列要素数を検証したい場合、`toHaveLength`を使用します（リスト3-32）。

▶ リスト3-32　src/03/06/index.test.ts

TypeScript

```typescript
const tags = ["Jest", "Storybook", "Playwright", "React", "Next.js"];
test("toContain", () => {
  expect(tags).toContain("Jest");
  expect(tags).toHaveLength(5);
});
```

　配列に特定のオブジェクトが含まれているかを検証したい場合、`toContainEqual`を使用します。`arrayContaining`を使用する場合、引数に与えた配列要素が全て含まれていれば、テストは成功します。いずれも等価比較です（リスト3-33）。

▶ リスト3-33　src/03/06/index.test.ts

TypeScript

```typescript
const article1 = { author: "taro", title: "Testing Next.js" };
const article2 = { author: "jiro", title: "Storybook play function" };
const article3 = { author: "hanako", title: "Visual Regression Testing " };
const articles = [article1, article2, article3];
test("toContainEqual", () => {
  expect(articles).toContainEqual(article1);
```

```
  });
  test("arrayContaining", () => {
    expect(articles).toEqual(expect.arrayContaining([article1, article3]));
  });
```

● オブジェクトの検証

オブジェクトを検証したい場合、`toMatchObject`を使用します。このマッチャーでは、プロパティが部分的に一致していれば、テストは成功します。一致しないプロパティがある場合は、失敗します。特定のプロパティが存在するかの検証は、`toHaveProperty`を使用します（リスト3-34）。

▶ リスト3-34　src/03/06/index.test.ts

TypeScript

```
const author = { name: "taroyamada", age: 28 };
test("toMatchObject", () => {
  expect(author).toMatchObject({ name: "taroyamada", age: 28 });
  expect(author).toMatchObject({ name: "taroyamada" });          ◀── 部分的に一致している
  expect(author).not.toMatchObject({ gender: "man" });           ◀──
});                                                                   一致しないプロパティがある
test("toHaveProperty", () => {
  expect(author).toHaveProperty("name");
  expect(author).toHaveProperty("age");
});
```

`objectContaining`は、オブジェクトに含まれるオブジェクトを検証したい場合に使用します。対象のプロパティが、期待値のオブジェクトと部分的に一致していれば、テストは成功します（リスト3-35）。

▶ リスト3-35　src/03/06/index.test.ts

TypeScript

```
const article = {
  title: "Testing with Jest",
  author: { name: "taroyamada", age: 38 },
};
test("objectContaining", () => {
  expect(article).toEqual({
    title: "Testing with Jest",
    author: expect.objectContaining({ name: "taroyamada" }),
  });
  expect(article).toEqual({
```

```
    title: "Testing with Jest",
    author: expect.not.objectContaining({ gender: "man" }),
  });
});
```

3-7 非同期処理のテスト

　JavaScriptプログラミングにおいて、非同期処理は欠かせません。外部APIからデータを取
得したり、ファイルを読み込んだりと、至る所で非同期処理は必要になります。本節では、非
同期処理関数に対するテストの書き方を解説します。

サンプルコード　src/03/07

● テスト対象の関数

　非同期処理テストの書き方を解説するため、単純な関数を用意します（リスト3-36）。引数
に「待ち時間」を与えると、その値の分だけ待ち、経過時間を返り値としてresolveする関
数です。

▶ リスト3-36　src/03/07/index.ts

TypeScript

```
export function wait(duration: number) {
  return new Promise((resolve) => {
    setTimeout(() => {
      resolve(duration);
    }, duration);
  });
}
```

　非同期処理テストの書き方はいくつか種類があるので、順番に見ていきましょう。

● Promiseをreturnする書き方

1つ目は、Promiseを返しthenに渡す関数内にアサーションを書く方法です（リスト3-37）。wait関数を実行すると、Promiseインスタンスが生成されます。これをテスト関数の戻り値としてreturnすることで、Promiseが解決するまでテストの判定を待ちます。

▶ リスト3-37　src/03/07/index.test.ts

```TypeScript
test("指定時間待つと、経過時間をもってresolveされる", () => {
  return wait(50).then((duration) => {
    expect(duration).toBe(50);
  });
});
```

2つ目は、resolvesを使用したアサーションをreturnする方法です。wait関数がresolveしたときの値を検証したい場合、この書き方のほうがリスト3-37よりもシンプルに書けます（リスト3-38）。

▶ リスト3-38　src/03/07/index.test.ts

```TypeScript
test("指定時間待つと、経過時間をもってresolveされる", () => {
  return expect(wait(50)).resolves.toBe(50);
});
```

● async/awaitを使った書き方

3つ目は、テスト関数をasync関数とし、関数内でPromiseが解決するのを待つ方法です。resolvesマッチャーを使用したアサーションも、awaitで待つことができます（リスト3-39）。

▶ リスト3-39　src/03/07/index.test.ts

```TypeScript
test("指定時間待つと、経過時間をもってresolveされる", async () => {
  await expect(wait(50)).resolves.toBe(50);
});
```

4つ目は、検証値のPromiseが解決するのを待ってから、アサーションに展開する方法です。これが最もシンプルな書き方です（リスト3-40）。

▶ リスト3-40 src/03/07/index.test.ts

TypeScript

```
test("指定時間待つと、経過時間をもってresolveされる", async () => {
  expect(await wait(50)).toBe(50);
});
```

async/await関数を使った書き方の場合、ほかの非同期処理のアサーションも、1つのテスト関数内に収めることができます。

● Rejectを検証するテスト

必ずrejectされる次の関数を使って「rejectされること」を検証するテストの書き方も見ていきましょう（リスト3-41）。

▶ リスト3-41 src/03/07/index.ts

TypeScript

```
export function timeout(duration: number) {
  return new Promise((_, reject) => {
    setTimeout(() => {
      reject(duration);
    }, duration);
  });
}
```

1つ目は、Promiseをreturnする書き方です。catchメソッドに渡す関数内に、アサーションを書きます（リスト3-42）。

▶ リスト3-42 src/03/07/index.test.ts

TypeScript

```
test("指定時間待つと、経過時間をもってrejectされる", () => {
  return timeout(50).catch((duration) => {
    expect(duration).toBe(50);
  });
});
```

2つ目は、rejectsマッチャーを使用したアサーションを使用する方法です。アサーションをreturnするか、async関数の中でPromiseの解決を待ちます（リスト3-43）。

```TypeScript
test("指定時間待つと、経過時間をもってrejectされる", () => {
  return expect(timeout(50)).rejects.toBe(50);
});

test("指定時間待つと、経過時間をもってrejectされる", async () => {
  await expect(timeout(50)).rejects.toBe(50);
});
```

　3つ目は、try…catch文を使用する方法です。Unhandled Rejectionをtryブロックで発生させ、そのエラーをcatchブロックで捉え、アサーションで検証する方法です（リスト3-44）。

▶ リスト3-44　src/03/07/index.test.ts

```TypeScript
test("指定時間待つと、経過時間をもってrejectされる", async () => {
  expect.assertions(1);
  try {
    await timeout(50);
  } catch (err) {
    expect(err).toBe(50);
  }
});
```

● 期待通りのテストコードであることを確認する

　次のテストは、ミスが含まれています（リスト3-45）。コメントにあるように、実行されてほしいアサーションに到達しないまま、テストが終了（成功）してしまっています。

▶ リスト3-45　src/03/07/index.test.ts

```TypeScript
test("指定時間待つと、経過時間をもってrejectされる", async () => {
  try {
    await wait(50); // timeout関数のつもりが、wait関数にしてしまった
    // ここで終了してしまい、テストは成功する
  } catch (err) {
    // アサーションは実行されない
    expect(err).toBe(50);
  }
});
```

こういったミスのないように、テスト関数冒頭でexpect.assertionsを宣言します。「アサーションが実行されること」そのものを検証し、引数は実行される回数の期待値を指定します（リスト3-46）。

▶ リスト3-46　src/03/07/index.test.ts

```TypeScript
test("指定時間待つと、経過時間をもってrejectされる", async () => {
  expect.assertions(1); // アサーションが1度実行されることを期待する
  try {
    await wait(50);
    // アサーションが1度も実行されないまま終了するので、テストは失敗する
  } catch (err) {
    expect(err).toBe(50);
  }
});
```

非同期処理のテストは、この例のように冒頭でexpect.assertionsを宣言すると、記述ミスを減らすことが期待できます。

紹介したように、非同期処理のテストの書き方には様々なものがあります。どれを選ぶべきかは、最適と思われるものを自由に選んで構いません。ただ、.resolvesや.rejectsをマッチャーで使用する際は注意が必要です。

wait関数は、2000ミリ秒待ったら2000を返す非同期関数なので、次のテストは一見失敗しそうに見えます（リスト3-47）。しかし、テストは成功してしまいます。正確には「成功」はしておらず、アサーションが1つも評価されずに終了してしまっているという状況です。

▶ リスト3-47　src/03/07/index.test.ts

```TypeScript
test("returnしていないため、Promiseが解決する前にテストが終了してしまう", →
() => {
  // 失敗を期待して書かれたアサーション
  expect(wait(2000)).resolves.toBe(3000);
  // 正しくはアサーションをreturnする
  // return expect(wait(2000)).resolves.toBe(3000);
});
```

コメントにある通り、テスト関数が同期関数で書かれている場合、アサーションをreturnしなければいけません。テストによってはアサーションを複数書く必要もあるため、うっかりreturnし忘れるということが起こりがちです。こういったミスがそもそも発生しないよう

に、非同期処理を含むテストを書く場合、以下の点に留意することをおすすめします。

- 非同期処理を含むテストは、テスト関数を async 関数で書く
- .resolves や .rejects を含むアサーションは await する
- try...catch 文による例外スローを検証する場合、expect.assertions を書く

　また、JavaScriptの非同期処理については「非同期処理:Promise/Async Function」（https://jsprimer.net/basic/async/）に詳細に書かれた解説があるので、一読されることをおすすめします。

▲第4章▼

モック

4-1 モックを使用する目的

　テストは実際の実行環境と同じ状況に近づけることで、より忠実性の高いものになります。しかし、実行に時間がかかるケースや、環境構築が大変なケースに直面することがあります。代表例として挙がるのが、Web APIで取得したデータを扱う場合です。Web APIのデータ取得は、ネットワークエラーなどが原因で「失敗」することがあります。そのため「成功した場合」だけでなく「失敗した場合」も、テストが必要と判断することがあります。

　実際のWeb APIサーバーをテスト実行環境で準備できれば「成功した場合」のテストができるでしょう。しかし「失敗した場合」のテストはどうでしょうか？　必ず失敗するテスト向けの実装をWeb APIサーバーに施すというのは、望ましい方法ではありません。また、外部サービスのWeb APIだった場合、テスト向けの実装を施すことは不可能です。

　テストしたい対象はWeb APIそのものではなく「取得したデータに関連する処理」ですので、Web APIサーバーはテスト実行環境に必ずしも存在している必要はありません。こういったケースで「取得したデータの代用品」として登場するのが「**モック**（テストダブル）」です。実施困難なテストを可能にするだけでなく、効率化のためにモックは重要です。

● モックの用語整理

　「**スタブ**」「**スパイ**」とは、モック（テストダブル）をそれぞれの目的に応じて分類したオブジェクトの呼称です。スタブ／スパイは開発言語を問わず、自動テスト関連の文献で言及されている用語定義であり、概ねGerard Meszaros氏の著書『xUnit Test Patterns: Refactoring Test Code』（以下『xUnit』）を引用しています。

　まずは、これらがどういった目的で分類されているのかを見ていきましょう。

スタブの目的

　スタブの主な目的は「代用」を行うことです。

- 依存コンポーネントの代用品
- 定められた値を返却するもの
- テスト対象に「入力」を与えるためのもの

スタブは、テスト対象が依存しているコンポーネントに、何らかの不都合がある場合に使用します。例えば、Web APIに依存しているテスト対象を検証するときです。「Web APIからこんな値が返ってきた場合、このように動作する」というテストでスタブを使用します。テスト対象がスタブにアクセスすると、スタブは定められた値を返却します（図4-1）。

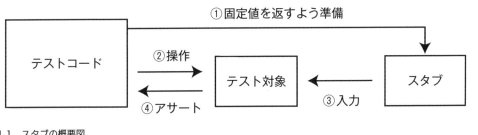

図4-1　スタブの概要図

スパイの目的

スパイの主な目的は「記録」を行うことです。

- 関数やメソッドの呼び出しを記録するオブジェクト
- 呼び出された回数、実行時引数を記録するもの
- テスト対象からの「出力」を確認するためのもの

スパイは、テスト対象から外側に向けた出力の検証に利用します。例えば、関数引数のコールバック関数です。コールバック関数が実行された「回数」「実行時引数」を記録しているので、意図通りの呼び出しが行われたかを検証できます（図4-2）。

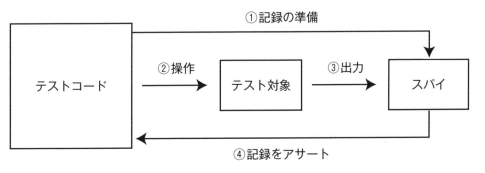

図4-2　スパイの概要図

● Jestにおける用語の混乱

Jestでは、『xUnit』の用語定義に忠実に沿ったAPIは用意されていません。スタブ、スパイの実装は、**モックモジュール**（jest.mock）や**モック関数**（jest.fn、jest.spyOn）というAPIを使用します。これらを使用したテスト向けの代用実装を「モック」と呼んでいるケースが多く、『xUnit』の用語定義とはズレが生じているのが現状です。

本書では、上述の通り「スタブ／スパイ」として明確な目的がある場合は「スタブ」「スパイ」と記し、いずれの目的も兼ねるものは「モック」と記します。あらかじめご了承ください。

4-2 モックモジュールを使ったスタブ

Jestのモックモジュールを使用し、依存モジュールのスタブを適用する手法を解説します[※4-1]。単体テストや結合テストを実施するにあたり、未実装であったり、都合の悪いモジュールが依存関係に含まれていることがあります。このとき、都合の悪いモジュールを代用品に置き換えることで、テスト不能だった対象のテストが実施できるようになります（図4-3）。

サンプルコード src/04/02

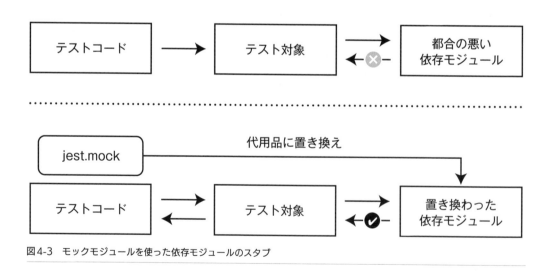

図4-3　モックモジュールを使った依存モジュールのスタブ

※4-1　https://jestjs.io/ja/docs/jest-object#モックモジュール

● テスト対象の関数

はじめに、テスト対象を見ていきましょう（リスト4-1）。挨拶を返す2つの関数ですが、sayGoodBye関数は未実装で、テストを実施するにあたり都合の悪い実装と仮定します。このsayGoodBye関数のみを、テスト限定の代用品に置き換えることを目指します。

▶ リスト4-1　src/04/02/greet.ts

TypeScirpt

```typescript
export function greet(name: string) {
  return `Hello! ${name}.`;
}

export function sayGoodBye(name: string) {
  throw new Error("未実装");
}
```

● 通常のテスト

1つ目のテストファイルを見ていきましょう（リスト4-2）。importしたgreet関数は意図通りにテストが成功します。

▶ リスト4-2　src/04/02/greet1.test.ts

TypeScirpt

```typescript
import { greet } from "./greet";

test("挨拶を返す（本来の実装通り）", () => {
  expect(greet("Taro")).toBe("Hello! Taro.");
});
```

2つ目のテストファイルは、差分としてjest.mockという関数を冒頭で呼び出しています（リスト4-3）。すると、実装されていたはずのgreet関数が本来の結果と異なりundefinedを返しているのがわかります。jest.mockをテストファイル冒頭で実行すると、対象モジュールの置き換え準備が実施されるということです。

TypeScirpt

```typescript
import { greet } from "./greet";

jest.mock("./greet");  ◀─────────────────────────── jest.mockを追加

test("挨拶を返さない（本来の実装ではない）", () => {
  expect(greet("Taro")).toBe(undefined);
});
```

● モジュールをスタブに置き換える

3つ目のテストファイルは、代用品に実装が施されています（リスト4-4）。jest.mockの第二引数は、代用品に実装を施す関数で、sayGoodBye関数を置き換えます。本来はErrorがスローされる実装となっていましたが、関連するテストが成功するようになりました。このようにモジュールの一部をテスト上で置き換えることで、都合の悪い依存が含まれていてもテストが実施できるようになります。

▶ リスト4-4 src/04/02/greet3.test.ts

TypeScirpt

```typescript
import { greet } from "./greet";

jest.mock("./greet", () => ({
  sayGoodBye: (name: string) => `Good bye, ${name}.`,
}));

test("さよならを返す（本来の実装ではない）", () => {
  const message = `${sayGoodBye("Taro")} See you.`;
  expect(message).toBe("Good bye, Taro. See you.");
});
```

この代用品実装にはgreet関数を含めていませんでした。そのため、本来実装されているgreet関数がundefinedとなってしまいます（リスト4-5）。これは望まない状況であり、greet関数は本来の実装のままimportしたいです。

▶ リスト4-5 src/04/02/greet3.test.ts

TypeScirpt

```typescript
test("挨拶が未実装（本来の実装ではない）", () => {
  expect(greet).toBe(undefined);
});
```

● モジュールの一部をスタブに置き換える

4つ目のテストファイルを見ていきましょう（リスト4-6）。jest.requireActualという関数を使用することで、モジュール本来の実装をimportできます。これで、sayGoodBye関数のみ代用品に置き換えることができました。

▶ リスト4-6　src/04/02/greet3.test.ts

TypeScirpt

```typescript
import { greet, sayGoodBye } from "./greet";

jest.mock("./greet", () => ({
  ...jest.requireActual("./greet"),
  sayGoodBye: (name: string) => `Good bye, ${name}`,
}));

test("挨拶を返す（本来の実装通り）", () => {
  expect(greet("taro")).toBe("Hello! taro");
});

test("さよならを返す（本来の実装ではない）", () => {
  const message = `${sayGoodBye("Taro")} See you.`;
  expect(message).toBe("Good bye, Taro. See you.");
});
```

● ライブラリの置き換え

本節では、都合の悪いモジュールの一部を代用品に置き換える手法を解説しました。実践でモックモジュールを最も利用するシーンは、ライブラリの代用でしょう。第7章以降で解説するサンプルでは、次のような代用実装が全テストで施されるようにセットアップされています。

これは、next/routerという依存モジュールに対し、コミュニティから提供されているnext-router-mockという代用実装ライブラリを適用している例です。

TypeScirpt

```typescript
jest.mock("next/router", () => require("next-router-mock"));
```

●補足

　モジュールを読み込むための方法にはESM（ES Modules）とCJS（CommonJS Modules）
があり、本節ではimportを使用するESM前提で解説しました。importを使用したテスト
コードの場合、テスト冒頭でjest.mockを呼ぶようにします。

　1つのテスト対象に対し異なる代用品へアクセスさせたい場合、サンプルと同じようにテス
トファイルを別々に用意することをおすすめします。importを使用してモックモジュールを
適用する方法はほかにもあるので、詳しくは公式ドキュメントを参考にしてください[4-2]。

4-3 Web APIのモック基礎

　Webアプリケーションに欠かせないのが、Web APIサーバーを通じたデータの取得と更新
です。Web APIに関連するコードは、Web APIクライアントを代用品（スタブ）に置き換え
ることで、テストが書けるようになります。これは本物のレスポンスではありませんが、レス
ポンス前後の「関連コード」を検証するには有効な手法です（図4-4）。

サンプルコード src/04/03

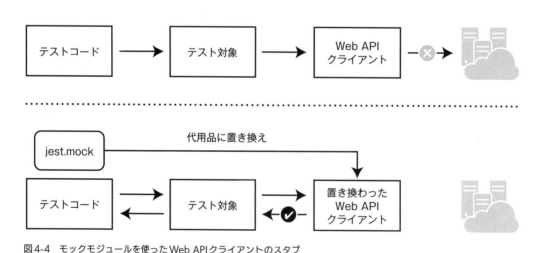

図4-4　モックモジュールを使ったWeb APIクライアントのスタブ

※ 4-2　https://jestjs.io/ja/docs/jest-object# モックモジュール

● テスト対象の関数

　まずはWeb APIクライアントがどういったものか見ていきましょう。一般的にWeb APIクライアント実装には、XMLHttpRequestを使用したAxiosや標準APIのFetch APIが使用されます。リスト4-7は、Fetch APIを利用したログインユーザーのプロフィール情報を取得するWeb APIクライアント（getMyProfile関数）です。

▶ リスト4-7　Web APIクライアント実装例

TypeScirpt

```TypeScript
export type Profile = {
  id: string;
  name?: string;
  age: number;
  email: string;
};

export function getMyProfile(): Promise<Profile> {
  return fetch("https://myapi.testing.com/my/profile").then(async (res) => {
    const data = await res.json();
    if (!res.ok) {
      throw data;
    }
    return data;
  });
}
```

　取得したデータは「加工、整形、画面に表示」を行うのが、一般的な処理の流れです。テスト対象関数の、ログインユーザーに挨拶を返す関数を見ていきましょう（リスト4-8）。getGreet関数にはif文による分岐が含まれており、data.name次第で戻り値が変わる実装が施されています。この簡単なロジック1、2をテスト対象とします。

▶ リスト4-8　挨拶を返す関数

```TypeScirpt
import { getMyProfile } from "./fetchers";

export async function getGreet() {
  const data = await getMyProfile();
  if (!data.name) {
    // ①名前がなければ、定型文を返す
    return `Hello, anonymous user!`;
  }
  // ②名前を含んだ挨拶を返す
  return `Hello, ${data.name}!`;
}
```

　getMyProfile関数を使用すると、Web APIリクエストが発生します。そのため、リクエストに応えるAPIサーバーが存在しなければ、このgetGreet関数はテストができません。そこでgetMyProfile関数をスタブに置き換えます。Web APIクライアントをスタブに置き換えることで、データ取得に関わるテストが書けるようになります。

● Web APIクライアントのスタブ実装

　前節で紹介したスタブ実装方法とは別の実装方法として、本節ではTypeScriptと親和性の高いjest.spyOnを使用します。はじめに下準備として、テストファイル冒頭でjest.mock関数を使い、fetchers/index.tsファイルを代用品に置き換える宣言をします。

```TypeScirpt
import * as Fetchers from "./fetchers";
jest.mock("./fetchers");
```

　次に、jest.spyOnで対象のオブジェクトを置き換えます。対象のオブジェクトとは、import * asで読み込んだFetchersを指します。「対象の関数名称」とは、ここではgetMyProfileという関数名称です。もしFetchersに定義されていない関数名称を指定したら、TypeScriptの型エラーとなります（試しにgetMyProfileをgetMyInfoに変更してみてください）。

```TypeScirpt
jest.spyOn(対象のオブジェクト, 対象の関数名称);
jest.spyOn(Fetchers, "getMyProfile");
```

● データ取得成功を再現するテスト

続けて、データ取得が成功した場合（resolveした場合）に期待する、レスポンス相当のオブジェクトをmockResolvedValueOnceで指定します（リスト4-9）。ここで指定するオブジェクトもまた、TypeScriptの型制約が施されている状態なので、テストコードの保守性が高いです。

▶ リスト4-9　src/04/03/index.test.ts

```typescript
// id, emailを含む、期待するレスポンスを記述
jest.spyOn(Fetchers, "getMyProfile").mockResolvedValueOnce({
  id: "xxxxxxx-123456",
  email: "taroyamada@myapi.testing.com",
});
```

そして、アサーションを書きます（リスト4-10）。「①名前がなければ、定型文を返す」という分岐処理に対し、テストを書くことができました。

▶ リスト4-10　src/04/03/index.test.ts

```typescript
test("データ取得成功時：ユーザー名がない場合", async () => {
  // getMyProfileがresolveしたときの値を再現
  jest.spyOn(Fetchers, "getMyProfile").mockResolvedValueOnce({
    id: "xxxxxxx-123456",
    email: "taroyamada@myapi.testing.com",
  });
  await expect(getGreet()).resolves.toBe("Hello, anonymous user!");
});
```

mockResolvedValueOnceにnameを追加すれば「②名前を含んだ挨拶を返す」場合のテストもパスします（リスト4-11）。このように、様々なバリエーションで「返却し得る値」を用意し、テストを書いていきます。

▶ リスト4-11　src/04/03/index.test.ts

```typescript
test("データ取得成功時：ユーザー名がある場合", async () => {
  jest.spyOn(Fetchers, "getMyProfile").mockResolvedValueOnce({
    id: "xxxxxxx-123456",
    email: "taroyamada@myapi.testing.com",
    name: "taroyamada",
  });
  await expect(getGreet()).resolves.toBe("Hello, taroyamada!");
});
```

● データ取得失敗を再現するテスト

getMyProfile関数がデータ取得に失敗する場合を見ていきましょう（リスト4-12）。myapi.testing.comからのレスポンスHTTPステータスが200〜299の範囲外の場合（res.okがfalsyな場合）、関数内部で例外がスローされます。dataを例外としてスローすることにより、getMyProfile関数が返すPromiseはrejectされます。

▶ リスト4-12　getMyProfile関数

```TypeScirpt
export function getMyProfile(): Promise<Profile> {
  return fetch("https://myapi.testing.com/my/profile").then(async (res) => {
    const data = await res.json();
    if (!res.ok) {
      // 200番台以外のレスポンスの場合
      throw data;
    }
    return data;
  });
}
```

myapi.testing.comからの200番台以外のレスポンスは、リスト4-13のようなエラーオブジェクトが返ってくると定められています。つまり、リスト4-12で例外としてスローしているdataに相当します。

▶ リスト4-13　エラーオブジェクト

```TypeScirpt
export const httpError: HttpError = {
  err: { message: "internal server error" },
};
```

この定義を根拠に、getMyProfile関数のrejectを再現するスタブをmockRejectedValueOnceで実装します（リスト4-14）。

▶ リスト4-14　src/04/03/index.test.ts

```TypeScirpt
jest.spyOn(Fetchers, "getMyProfile").mockRejectedValueOnce(httpError);
```

これで、getMyProfile関数がデータ取得に失敗した場合、関連コードがどのように振る舞うのかを、テストできるようになりました（リスト4-15）。

```typescript
test("データ取得失敗時", async () => {
  // getMyProfileがrejectされたときの値を再現
  jest.spyOn(Fetchers, "getMyProfile").mockRejectedValueOnce(httpError);
  await expect(getGreet()).rejects.toMatchObject({
    err: { message: "internal server error" },
  });
});
```

　例外がスローされていることを検証したい場合は、次のように書くこともできます
（リスト4-16）。

▶ リスト4-16 src/04/03/index.test.ts

TypeScirpt

```typescript
test("データ取得失敗時、エラー相当のデータが例外としてスローされる", async ()
=> {
  expect.assertions(1);
  jest.spyOn(Fetchers, "getMyProfile").mockRejectedValueOnce(httpError);
  try {
    await getGreet();
  } catch (err) {
    expect(err).toMatchObject(httpError);
  }
});
```

4-4 Web APIのモック生成関数

　前節ではWeb APIレスポンスが固定の、スタブを使用したテスト手法について解説しました。本節では、レスポンスデータを切り替える「モック生成関数」を使ったテスト手法について解説します。

サンプルコード src/04/04

　次の getMyArticleLinksByCategory 関数は、ログインユーザーが投稿した記事の、リンク一覧を取得する関数です（リスト4-17）。指定タグを含む記事に絞り込んだのち、加工したレスポンスを返します。

▶ リスト4-17　src/04/04/index.ts

```TypeScirpt
export async function getMyArticleLinksByCategory(category: string) {
  // データを取得する関数 (Web APIクライアント)
  const data = await getMyArticles();
  // 取得したデータのうち、指定したタグが含まれる記事に絞り込む
  const articles = data.articles.filter((article) =>
    article.tags.includes(category)
  );
  if (!articles.length) {
    // 該当記事がない場合、nullを返す
    return null;
  }
  // 該当記事がある場合、一覧向けに加工したデータを返す
  return articles.map((article) => ({
    title: article.title,
    link: `/articles/${article.id}`,
  }));
}
```

　data.articles の型定義は次の通りです（リスト4-18）。Article に含まれる tags 配列を参照し、フィルタリングを行い、加工しています。

▶ リスト4-18　src/04/fetchers/type.ts

```TypeScirpt
export type Article = {
  id: string;
  createdAt: string;
  tags: string[];
  title: string;
  body: string;
};

export type Articles = {
  articles: Article[];
};
```

getMyArticleLinksByCategory関数に対して書くテストは、次のものです。

- 指定したタグを持つ記事が一件もない場合、null が返る
- 指定したタグを持つ記事が一件以上ある場合、リンク一覧が返る
- データ取得に失敗した場合、例外がスローされる

● レスポンスを切り替えるモック生成関数

テスト対象の関数はWeb APIクライアント（getMyArticles関数）を利用しています。まずは、この関数レスポンスを再現する次のフィクスチャーを用意します（リスト4-19）。レスポンスを再現するテスト用データを、フィクスチャーと呼びます。

▶ リスト4-19　src/04/fetchers/fixtures.ts

```typescript
export const getMyArticlesData: Articles = {
  articles: [
    {
      id: "howto-testing-with-typescript",
      createdAt: "2022-07-19T22:38:41.005Z",
      tags: ["testing"],
      title: "TypeScriptを使ったテストの書き方",
      body: "テストを書くとき、TypeScriptを使うことで、テストの保守性が向上します…",
    },
    {
      id: "nextjs-link-component",
      createdAt: "2022-07-19T22:38:41.005Z",
      tags: ["nextjs"],
      title: "Next.jsのLinkコンポーネント",
      body: "Next.jsの画面遷移には、Linkコンポーネントを使用します…",
    },
    {
      id: "react-component-testing-with-jest",
      createdAt: "2022-07-19T22:38:41.005Z",
      tags: ["testing", "react"],
      title: "Jestではじめるのコンポーネントテスト",
      body: "Jestは単体テストとして、UIコンポーネントのテストが可能です…",
    },
  ],
};
```

前節と異なる実装手法として「モック生成関数」を用意します（リスト4-20）。この関数はテストで必要なセットアップを、必要最小限のパラメーターで切り替え可能にしたユーティリ

ティ関数です。引数statusはHTTPステータスコードを示唆するものです。

▶ リスト4-20　src/04/04/index.test.ts

```TypeScirpt
function mockGetMyArticles(status = 200) {
  if (status > 299) {
    return jest
      .spyOn(Fetchers, "getMyArticles")
      .mockRejectedValueOnce(httpError);
  }
  return jest
    .spyOn(Fetchers, "getMyArticles")
    .mockResolvedValueOnce(getMyArticlesData);
}
```

　このユーティリティ関数を使えばjest.spyOnをテストごとに書く必要がなくなり、セットアップが端的になります。

```TypeScirpt
test("データ取得に成功した場合", async () => {
  mockGetMyArticles();
});
test("データ取得に失敗した場合", async () => {
  mockGetMyArticles(500);
});
```

● データ取得成功を再現するテスト

　モック生成関数を使用してテストを書いていきましょう（リスト4-21）。あらかじめ用意したフィクスチャーには"playwright"というタグが含まれた記事は一件もないため、レスポンスはnullとなります。そのため、toBeNullマッチャーを使用したアサートは成功します。

▶ リスト4-21　src/04/04/index.test.ts

```TypeScirpt
test("指定したタグを持つ記事が一件もない場合、nullが返る", async () => {
  mockGetMyArticles();
  const data = await getMyArticleLinksByCategory("playwright");
  expect(data).toBeNull();
});
```

フィクスチャーには"testing"というタグを含んだ記事が2件用意されているので、次の
テストは成功します（リスト4-22）。加工されたリンクURLが含まれていることも検証できて
います。

▶ リスト4-22　src/04/04/index.test.ts

```
test("指定したタグを持つ記事が一件以上ある場合、リンク一覧が返る", async () => {
  mockGetMyArticles();
  const data = await getMyArticleLinksByCategory("testing");
  expect(data).toMatchObject([
    {
      link: "/articles/howto-testing-with-typescript",
      title: "TypeScriptを使ったテストの書き方",
    },
    {
      link: "/articles/react-component-testing-with-jest",
      title: "JestではじめるReactのコンポーネントテスト",
    },
  ]);
});
```

● データ取得失敗を再現するテスト

　同じモック生成関数のmockGetMyArticlesを使い、データ取得失敗を再現するテストを
書きます（リスト4-23）。300以上の引数を指定することで、失敗レスポンスを再現すること
ができます。

　例外が発生した場合のテストの書き方はいくつかありますが、今回はPromiseのcatchメ
ソッドの中にアサーションを記述します。期待するエラーオブジェクトをもってrejectされ
たことが確認できます。

▶ リスト4-23　src/04/04/index.test.ts

```
test("データ取得に失敗した場合、rejectされる", async () => {
  mockGetMyArticles(500);
  await getMyArticleLinksByCategory("testing").catch((err) => {
    expect(err).toMatchObject({
      err: { message: "internal server error" },
    });
  });
});
```

第4章
モック

4-5 モック関数を使ったスパイ

　Jestの「モック関数」※4-3を使用し、スパイを実装する手法を解説します。スパイとは「テスト対象にどのような入出力が生じたか？」を記録するオブジェクトです。記録された値を検証することで、意図通りの挙動となっているかを確認します。

サンプルコード　src/04/05

● 実行されたことの検証

　jest.fnを使ってモック関数を作成します（リスト4-24）。作成したモック関数は、テストコードで関数として使用します。マッチャーのtoBeCalledをもって検証することで、実行されたか否かが判定できます。

▶ リスト4-24　src/04/05/greet.test.ts

TypeScirpt

```
test("モック関数は実行された", () => {
  const mockFn = jest.fn();
  mockFn();
  expect(mockFn).toBeCalled();
});

test("モック関数は実行されていない", () => {
  const mockFn = jest.fn();
  expect(mockFn).not.toBeCalled();
});
```

● 実行された回数の検証

　モック関数は、実行された回数を記録しています（リスト4-25）。マッチャーのtoHaveBeenCalledTimesをもって検証することで、何回実行されたかを検証できます。

※4-3　https://jestjs.io/ja/docs/jest-object#モック関数

▶ リスト4-25 src/04/05/greet.test.ts

TypeScirpt

```typescript
test("モック関数は実行された回数を記録している", () => {
  const mockFn = jest.fn();
  mockFn();
  expect(mockFn).toHaveBeenCalledTimes(1);
  mockFn();
  expect(mockFn).toHaveBeenCalledTimes(2);
});
```

● 実行時引数の検証

　モック関数は、実行時の引数を記録しています。検証のため、次のような greet 関数を用意します（リスト4-26）。モック関数は、関数定義の中に忍ばせることができます。

▶ リスト4-26 src/04/05/greet.test.ts

TypeScirpt

```typescript
test("モック関数は関数の中でも実行できる", () => {
  const mockFn = jest.fn();
  function greet() {
    mockFn();
  }
  greet();
  expect(mockFn).toHaveBeenCalledTimes(1);
});
```

　greet 関数に引数を追加してみましょう。モック関数は引数の message をもって実行されています。これにより、モック関数は実行時に "hello" という引数をもって実行されたことを記録します。記録内容を検証するために toHaveBeenCalledWith というマッチャーを使用したアサーションを書きます（リスト4-27）。

▶ リスト4-27 src/04/05/greet.test.ts

TypeScirpt

```typescript
test("モック関数は実行時の引数を記録している", () => {
  const mockFn = jest.fn();
  function greet(message: string) {
    mockFn(message); // 引数をもって実行されている
  }
  greet("hello"); // "hello" をもって実行されたことがmockFnに記録される
  expect(mockFn).toHaveBeenCalledWith("hello");
});
```

第
4
章

モ
ッ
ク

● スパイとしての利用方法

　モック関数を使ったスパイが活躍するシーンは、テスト対象の引数に「関数」があるときです。次のgreet関数をテスト対象として見ていきましょう（リスト4-28）。与えた第一引数nameを使用し、第二引数のコールバック関数を実行しています。

▶ リスト4-28　src/04/05/greet.ts

```TypeScirpt
export function greet(name: string, callback?: (message: string) =>
void) {
  callback?.(`Hello! ${name}`);
}
```

　次のようなテストを書くことで、コールバック関数の実行時引数を検証することができます（リスト4-29）。記録した実行時引数の内訳を検証することで、スパイとして利用できます。

▶ リスト4-29　src/04/05/greet.test.ts

```TypeScirpt
test("モック関数はテスト対象の引数として使用できる", () => {
  const mockFn = jest.fn();
  greet("Jiro", mockFn);
  expect(mockFn).toHaveBeenCalledWith("Hello! Jiro");
});
```

● 実行時引数のオブジェクト検証

　文字列以外にも、配列やオブジェクトを検証できます。次のようにconfigというオブジェクトを定義し、checkConfig関数がその内容を引数に実行するサンプルを見てみましょう（リスト4-30）。

▶ リスト4-30　src/04/05/checkConfig.ts

```TypeScirpt
const config = {
  mock: true,
  feature: { spy: true },
};

export function checkConfig(callback?: (payload: object) => void) {
  callback?.(config);
}
```

マッチャーは同じようにtoHaveBeenCalledWithを利用できます（リスト4-31）。

▶ リスト4-31　src/04/05/checkConfig.test.ts

`TypeScirpt`

```
test("モック関数は実行時引数のオブジェクト検証ができる", () => {
  const mockFn = jest.fn();
  checkConfig(mockFn);
  expect(mockFn).toHaveBeenCalledWith({
    mock: true,
    feature: { spy: true },
  });
});
```

　大きなオブジェクトの場合、一部だけを検証したい場合があります。expect.object
Containingという補助関数を使用することで、オブジェクトの部分的な検証ができます
（リスト4-32）。

▶ リスト4-32　src/04/05/checkConfig.test.ts

`TypeScirpt`

```
test("expect.objectContainingによる部分検証", () => {
  const mockFn = jest.fn();
  checkConfig(mockFn);
  expect(mockFn).toHaveBeenCalledWith(
    expect.objectContaining({
      feature: { spy: true },
    })
  );
});
```

　実践的なテストとして「フォームに特定のインタラクションを与えたのち、送信される値は
〜である」といったことを検証するテストがあります。このテストに関しては、第6章以降で
解説します。

4-6 Web APIの詳細なモック

　前節までで、スタブ／スパイを使ったテスト手法について解説しました。本節では、入力値を検証した上でレスポンスデータを切り替える、モックの詳細な実装方法について解説します。

サンプルコード src/04/06

● テスト対象の関数

　サーバーサイド実装では一般的に、受領したデータを保存する前にバリデーションを施します。次のcheckLength関数は、サーバーサイドで実施されるバリデーションを再現する関数です（リスト4-33）。投稿される記事は「タイトル」「本文」に1文字以上入力が必須という仕様であり、サーバーサイドで検証されるものとします。

▶ リスト4-33　src/04/06/index.ts

TypeScirpt

```TypeScript
export class ValidationError extends Error {}

function checkLength(value: string) {
  if (value.length === 0) {
    throw new ValidationError("1文字以上入力してください");
  }
}
```

● モック生成関数を用意する

　4-4節「Web APIのモック生成関数」と同じように、mockPostMyArticle関数を用意します（リスト4-34）。特筆点は、checkLength関数でバリデーションを行っている点です。テスト対象からのinputを検証してレスポンスを返却しているため、より本物に近い挙動となります。

`TypeScirpt`

```typescript
function mockPostMyArticle(input: ArticleInput, status = 200) {
  if (status > 299) {
    return jest
      .spyOn(Fetchers, "postMyArticle")
      .mockRejectedValueOnce(httpError);
  }
  try {
    checkLength(input.title);
    checkLength(input.body);
    return jest
      .spyOn(Fetchers, "postMyArticle")
      .mockResolvedValue({ ...postMyArticleData, ...input });
  } catch (err) {
    return jest
      .spyOn(Fetchers, "postMyArticle")
      .mockRejectedValueOnce(httpError);
  }
}
```

● テストの準備

送信する値を動的に作成できるよう、ファクトリー関数を用意します（リスト4-35）。

▶ リスト4-35　src/04/06/index.test.ts

`TypeScirpt`

```typescript
function inputFactory(input?: Partial<ArticleInput>): ArticleInput {
  return {
    tags: ["testing"],
    title: "TypeScriptを使ったテストの書き方",
    body: "テストを書くとき、TypeScriptを使うことで、テストの保守性が向上します。",
    ...input,
  };
}
```

inputFactory関数は、デフォルトではバリデーションに通過する入力内容が作成されます。必要に応じて引数で上書きをすることで、バリデーションに通過しない入力内容を作成できます。

```typescript
// バリデーションに通過するオブジェクトを作成
const input = inputFactory();
// バリデーションに通過しないオブジェクトを作成
const input = inputFactory({ title: "", body: "" });
```

● バリデーション成功を再現するテスト

準備したinputFactory関数とmockPostMyArticle関数を使用し、テストを書いていきます（リスト4-36）。テスト観点は「レスポンスに入力内容が含まれること」と「モック関数が呼び出されたこと」です。toHaveBeenCalledマッチャーは、モック関数が「呼び出されたこと」を検証するマッチャーです。

▶ リスト4-36　src/04/06/index.test.ts

```typescript
test("バリデーションに成功した場合、成功レスポンスが返る", async () => {
  // バリデーションに通過する入力値を用意
  const input = inputFactory();
  // 入力値を含んだ成功レスポンスが返るよう、モックを施す
  const mock = mockPostMyArticle(input);
  // テスト対象の関数に、inputを与えて実行
  const data = await postMyArticle(input);
  // 取得したデータに、入力内容が含まれているかを検証
  expect(data).toMatchObject(expect.objectContaining(input));
  // モック関数が呼び出されたかを検証
  expect(mock).toHaveBeenCalled();
});
```

● バリデーション失敗を再現するテスト

不正な入力値を用意し、バリデーションに失敗するテストを書きます（リスト4-37）。モックは成功レスポンスが返るように設定されていますが、入力値はバリデーションに通過しません。そのため、テストの観点は「rejectされること」と「モック関数が呼び出されること」です。

▶ リスト4-37　src/04/06/index.test.ts

`TypeScirpt`

```ts
test("バリデーションに失敗した場合、rejectされる", async () => {
  expect.assertions(2);
  // バリデーションに通過しない入力値を用意
  const input = inputFactory({ title: "", body: "" });
  // 入力値を含んだ成功レスポンスが返るよう、モックを施す
  const mock = mockPostMyArticle(input);
  // バリデーションに通過せずrejectされるかを検証
  await postMyArticle(input).catch((err) => {
    // エラーオブジェクトをもってrejectされたことを検証
    expect(err).toMatchObject({ err: { message: expect.anything() } });
    // モック関数が呼び出されたことを検証
    expect(mock).toHaveBeenCalled();
  });
});
```

● データ取得失敗を再現するテスト

　データ取得に失敗した場合、テストの観点は「rejectされること」と「モック関数が呼び出されること」です（リスト4-38）。

▶ リスト4-38　src/04/06/index.test.ts

`TypeScirpt`

```ts
test("データ取得に失敗した場合、rejectされる", async () => {
  expect.assertions(2);
  // バリデーションに通過する入力値を用意
  const input = inputFactory();
  // 失敗レスポンスが返るようモックを施す
  const mock = mockPostMyArticle(input, 500);
  // rejectされるかを検証
  await postMyArticle(input).catch((err) => {
    // エラーオブジェクトをもってrejectされたことを検証
    expect(err).toMatchObject({ err: { message: expect.anything() } });
    // モック関数が呼び出されたことを検証
    expect(mock).toHaveBeenCalled();
  });
});
```

本節ではWeb APIの詳細なモック実装方法について解説しました。Web APIに依存したテストの書き方はほかにも「ネットワークレイヤーでモックする」手法があります。ネットワークレイヤーの入力値が検証可能なため、さらに詳細なモックを実装することができます。この手法については第7章で解説します。

4-7 現在時刻に依存したテスト

テスト対象が現在時刻に依存したロジックを含んでいる場合、テストの結果はテスト実行時刻に依存します。これは「特定の時間帯になると、CIの自動テストが失敗してしまう」といった、脆いテストにつながります。そこで、テスト実行環境の現在時刻は固定してしまい、いつ実行してもテスト結果が同じになるようにします。

サンプルコード src/04/07

● テスト対象の関数

次の関数は、朝昼夜の時間帯に応じて、挨拶を返す関数です（リスト4-39）。この関数が返す戻り値は、実行時の時間に影響されます。

▶ リスト4-39　src/04/07/index.ts

TypeScirpt

```
export function greetByTime() {
  const hour = new Date().getHours();
  if (hour < 12) {
    return "おはよう";
  } else if (hour < 18) {
    return "こんにちは";
  }
  return "こんばんは";
}
```

● 現在時刻を固定する

テスト実行環境の現在時刻を任意の時刻に固定するには、テストを次のように書く必要があります。

- jest.useFakeTimers：Jestに偽のタイマーを使用するように指示
- jest.setSystemTime：偽のタイマーで使用される現在システム時刻を設定
- jest.useRealTimers：Jestに真のタイマーを使用する（元に戻す）ように指示

サンプルではbeforeEachとafterEachで偽のタイマー切り替えを行っており、各テストの行数を削減しています（リスト4-40）。

▶ リスト4-40　src/04/07/index.test.ts

`TypeScirpt`

```typescript
describe("greetByTime(", () => {
  beforeEach(() => {
    jest.useFakeTimers();
  });
  afterEach(() => {
    jest.useRealTimers();
  });
  test("指定時間待つと、経過時間をもってresolveされる", () => {
    jest.setSystemTime(new Date(2022, 7, 20, 8, 0, 0));
    expect(greetByTime()).toBe("おはよう");
  });
  test("指定時間待つと、経過時間をもってresolveされる", () => {
    jest.setSystemTime(new Date(2022, 7, 20, 14, 0, 0));
    expect(greetByTime()).toBe("こんにちは");
  });
  test("指定時間待つと、経過時間をもってresolveされる", () => {
    jest.setSystemTime(new Date(2022, 7, 20, 21, 0, 0));
    expect(greetByTime()).toBe("こんばんは");
  });
});
```

● セットアップと破棄

　テストを実行する前に共通のセットアップを行ったり、テストを終了した後に共通の破棄作業を行いたい場合があります。セットアップ作業にはbeforeAllとbeforeEachが、破棄作業にはafterAllとafterEachがそれぞれ活用できます。実行されるタイミングは次の通りです（リスト4-41）。

▶ リスト4-41　セットアップと破棄の処理が実行されるタイミング

```TypeScript
beforeAll(() => console.log("1 - beforeAll"));
afterAll(() => console.log("1 - afterAll"));
beforeEach(() => console.log("1 - beforeEach"));
afterEach(() => console.log("1 - afterEach"));

test("", () => console.log("1 - test"));

describe("Scoped / Nested block", () => {
  beforeAll(() => console.log("2 - beforeAll"));
  afterAll(() => console.log("2 - afterAll"));
  beforeEach(() => console.log("2 - beforeEach"));
  afterEach(() => console.log("2 - afterEach"));

  test("", () => console.log("2 - test"));
});

// 1 - beforeAll
// 1 - beforeEach
// 1 - test
// 1 - afterEach
// 2 - beforeAll
// 1 - beforeEach
// 2 - beforeEach
// 2 - test
// 2 - afterEach
// 1 - afterEach
// 2 - afterAll
// 1 - afterAll
```

▲ 第 5 章 ▼

UIコンポーネントテスト

5-1 UIコンポーネントテストの基礎知識

　Webフロントエンドにおける開発対象の大部分は、UIコンポーネントです。UIコンポーネントは表示のみを司るものもあれば、複雑なロジックを含むものもあります。本章では、UIコンポーネントに対しどういった観点でテストを書くべきかについて解説します。

● MPAとSPAの違い

　従来のWebアプリケーション構築は「ページのリクエスト単位」にもとづき、ユーザーと対話するアプローチが一般的でした。複数のHTMLページとHTTPリクエストで構築されるWebアプリケーションは、MPA（Multi Page Application）と呼ばれ、しばしばSPA（Single Page Application）と対比されることがあります（図5-1）。SPAは名前の通り、1枚のHTMLページ上に、Webアプリケーションコンテンツを展開します。Webサーバーがレスポンスした初回ページのHTMLを軸とし、ユーザー操作によってHTMLを部分的に書き換えます。この部分的に書き換える単位こそが、UIコンポーネントです。

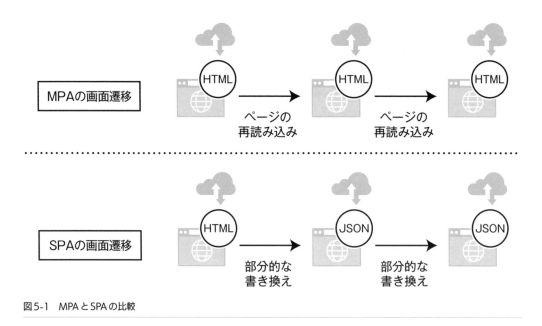

図5-1　MPAとSPAの比較

SPAはユーザー操作にもとづき、必要最小限のデータ取得、更新を行います。レスポンスは機敏で、データ取得の負荷も必要最小限にとどまることが期待されるため、Web APIサーバー（バックエンド）に対しても、間接的によい影響を与えます。SPAで構築されたWebフロントエンドはシステム全体を俯瞰して見ても、メリットをもたらす存在です。

●UIコンポーネントのテスト

　最小単位のUIコンポーネントはボタンなどが該当し、小さなUIコンポーネントを組み合わせて中粒度のUIコンポーネントを構築します。最終的にはページを表すUIができあがり、複数のページがアプリケーションを構成します（図5-2）。もし何かしらの考慮漏れにより、中粒度のUIコンポーネントが壊れてしまったらどうなるでしょうか？　運が悪ければページが壊れてしまい、アプリケーションは機能しなくなります。UIコンポーネントにテストが必要なのはこのためです。

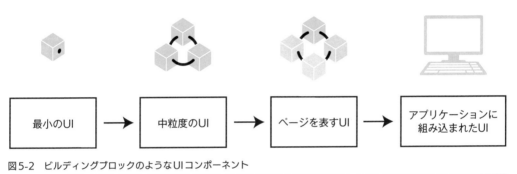

| 最小のUI | → | 中粒度のUI | → | ページを表すUI | → | アプリケーションに組み込まれたUI |

図5-2　ビルディングブロックのようなUIコンポーネント

　UIコンポーネントに求められる基本機能としては次のようなものが挙げられます。

- データを表示すること
- ユーザー操作内容を伝播すること
- 関連するWeb APIをつなぐこと
- データを動的に書き換えること

　テスティングフレームワークやテスト用ライブラリを駆使して「機能が意図通りに動作するか？」「機能が壊れていないか？」を確認します。本章では、画面に表示するUIコンポーネントとデータの関連に着目してテストを書いていきます。

● Webアクセシビリティとテスト

　ユーザーの心身特性に隔てなくWebが利用できる水準を「**Webアクセシビリティ**」と呼びます。見た目の不具合とは異なり、Webアクセシビリティの不具合は意識しなければ気づかないものです。デザイン通りに実装され、マウス操作で正常に動作してしまえば、品質基準を満たしているように感じてしまうからです。

　Webアクセシビリティを全く気にかけない実装だった場合、利用者によっては機能が使えないことすらあります。最も代表的な失敗例はチェックボックスの実装です。見た目を整えることに夢中で、input要素をCSSで消去してしまうというものです。マウスを使用するユーザーは見た目の綺麗なチェックボックスを押せますが、支援技術を使用するユーザーはチェックボックスを見つけることができません。このような状況は望ましいものではなく、サービス提供者はできる限り、どんなユーザーでも利用できる「当たり前の品質」を目指したいはずです。

　UIコンポーネントテストは、Webアクセシビリティを気にかけるための機会にうってつけです。マウスを利用するユーザーと、支援技術を利用するユーザーの双方が同じように要素を識別できるクエリーを使用してテストを書きます。UIコンポーネントテストは基本機能を検証するだけでなく、Webアクセシビリティ品質を向上するきっかけとなります。

5-2 必要なライブラリのインストール

　前章まではJestのみでテストを書いていましたが、本章からはUIコンポーネントテストに必要な次のライブラリを使用して、テストを書いていきます。UIコンポーネントのテストを解説するため、サンプルコードではUIライブラリのReactを使用します。

- jest-environment-jsdom
- @testing-library/react
- @testing-library/jest-dom
- @testing-library/user-event

● UIコンポーネントのテスト環境準備

　UIコンポーネントのテストは、表示されたUIを操作し、その作用から発生した結果を検証することが基本です。UIを表示して操作するにはDOM APIが必要になりますが、Jest実行環

境のNode.jsにはDOM APIが標準で用意されていません。そこで、テスト環境セットアップに使用するのがjsdom[5-1]です。

デフォルトのテスト環境は、jest.config.jsのtestEnvironmentに指定します（リスト5-1）。旧バージョンではjsdomを指定していましたが、最新バージョンのJestでは、改善されたjest-environment-jsdom[5-2]を別途インストールして指定する必要があります。

▶ リスト5-1 jest.config.js

JavaScript

```javascript
module.exports = {
  testEnvironment: "jest-environment-jsdom",
};
```

Next.jsアプリケーションのように、サーバーサイド／クライアントサイドのコードが混在しているプロジェクトの場合、テストファイル冒頭で次のようなコメントを記述することで、テストファイルごとにテスト環境を切り替えることもできます。

JavaScript

```javascript
/**
 * @jest-environment jest-environment-jsdom
 */
```

● Testing Library

Testing LibraryはUIコンポーネントのテスト用ライブラリです。主な役割は、次の3つです。

- UIコンポーネントをレンダリングする
- レンダリングした要素から、任意の子要素を取得する
- レンダリングした要素に、インタラクションを与える

Testing Libraryは基本原則として「テストがソフトウェアの使用方法に似ている」ことを推奨しています。つまり、クリック／マウスオーバー／キーボード入力など、Webアプリケーションを操作するのと同じようなテストを書くことを推奨しています（図5-3）。

※5-1 https://github.com/jsdom/jsdom
※5-2 https://github.com/facebook/jest/tree/main/packages/jest-environment-jsdom

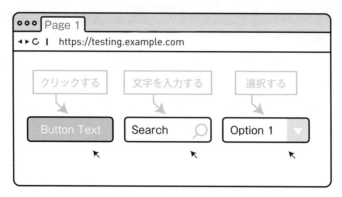

図5-3　インタラクションテスト

UIコンポーネントをReactで実装している場合、React向けの@testing-library/react※5-3を使用します。

Testing Libraryはほかにも様々なUIコンポーネントライブラリに向けて提供されていますが、中核となるAPIは同一のもの（@testing-library/dom）を使用します。そのため、UIコンポーネントライブラリが違っても、同じようなテストコードになります。

@testing-library/dom※5-4は@testing-library/reactの依存パッケージなので、明示的にインストールする必要はありません。

● UIコンポーネントテスト用のマッチャー拡張

UIコンポーネントテストにも、これまで解説したJestのアサーションやマッチャーが使用できます。しかし、DOMの状態を検証するためには、Jest標準のマッチャーだけでは不十分です。@testing-library/jest-dom※5-5はそのためにインストールします。これは「カスタムマッチャー」という、Jestの拡張機能を使用したライブラリです。このライブラリを追加することで、UIコンポーネントテストに便利なマッチャーが多数追加されます。

● ユーザー操作をシミュレートするライブラリ

Testing Libraryでは、入力要素に文字入力などを行うために「fireEvent」というAPIが提供されています。しかしこのAPIは、DOMイベントを発火させるだけのものなので、実際のユーザー操作では不可能な操作もできてしまうことがあります。そこで、実際のユーザー操

※5-3　https://github.com/testing-library/react-testing-library

※5-4　https://github.com/testing-library/dom-testing-library

※5-5　https://github.com/testing-library/jest-dom

作により近いシミュレートを行うことができる@testing-library/user-event^{※5-6}を追加します。fireEventを使ったテストコードも紹介しますが、特別な理由がなければ基本的にuser-eventを使用するようにします。

5-3 はじめのUIコンポーネントテスト

　はじめに、簡単なUIコンポーネント実装を確認しながら、UIコンポーネントテストの基本的な書き方について紹介します。テスト対象コンポーネントをレンダリングし、任意のDOMを取得します。そして、DOMに操作を与えます。

　テスト対象のUIコンポーネントはStorybookをコミットしており、npm run storybookでどのようなUIになっているかを確認できます。Storybookの使用法については、第8章を参照してください。

サンプルコード src/05/03

● テスト対象のUIコンポーネント

　次のUIコンポーネントは、アカウント情報登録ページに使用されるコンポーネントです（リスト5-2、図5-4）。「編集する」ボタンを備え、対象アカウントの編集画面へ遷移することを想定しています。

▶ リスト5-2　src/05/03/Form.tsx

TypeScirpt

```typescript
type Props = {
  name: string;
  onSubmit?: (event: React.FormEvent<HTMLFormElement>) => void;
};
export const Form = ({ name, onSubmit }: Props) => {
  return (
    <form
      onSubmit={(event) => {
        event.preventDefault();
        onSubmit?.(event);
```

- -
※ 5-6　https://github.com/testing-library/user-event

```
        }}
      >
        <h2>アカウント情報</h2>
        <p>{name}</p>
        <div>
          <button>編集する</button>
        </div>
      </form>
    );
  };
```

アカウント情報

taro

編集する

図5-4　テスト対象のUIコンポーネント

● UIコンポーネントをレンダリングする

はじめに、Testing Libraryのrender関数を使用して、テスト対象のUIコンポーネントを
レンダリングします（リスト5-3）。引数nameが必須のPropsであり、渡した値がそのまま表
示されます。このnameが「表示されていること」をテストします。

▶ リスト5-3　src/05/03/Form.test.tsx

TypeScirpt

```typescript
import { render } from "@testing-library/react";
import { Form } from "./Form";

test("名前の表示", () => {
  render(<Form name="taro" />);
});
```

● 特定DOM要素を取得する

レンダリングした内容から特定DOM要素を取得するために、screen.getByTextを使用します（リスト5-4）。これは「一致した文字列を持つテキスト要素を1つ見つける」APIで、見つかった場合、その要素の参照が得られます。見つからなかった場合はエラーが発生し、テストは失敗します。つまりscreen.getByText("taro")で「検証対象が取得できている状態」となります。

▶ リスト5-4　src/05/03/Form.test.tsx

TypeScirpt

```
import { render, screen } from "@testing-library/react";
import { Form } from "./Form";

test("名前の表示", () => {
  render(<Form name="taro" />);
  console.log(screen.getByText("taro"));
});
```

● アサーションを書く

アサーションは、@testing-library/jest-domで拡張したカスタムマッチャーを使用します（リスト5-5）。toBeInTheDocument()は「要素がドキュメントに存在すること」を検証するカスタムマッチャーです。これで「Propsで指定した名前が表示されている」ことをテストできました。

▶ リスト5-5　src/05/03/Form.test.tsx

TypeScirpt

```
import { render, screen } from "@testing-library/react";
import { Form } from "./Form";

test("名前の表示", () => {
  render(<Form name="taro" />);
  expect(screen.getByText("taro")).toBeInTheDocument();
});
```

@testing-library/jest-domをこのテストファイルで明示的にimportする必要はありません。なぜなら、リポジトリルートのjest.setup.ts（全てのテストで適用される設定ファイル）でimportしているからです。これだけでカスタムマッチャーが使用できるようになります。

● 特定のDOM要素をロールで取得する

Testing Libraryには、特定のDOM要素をロールで取得するscreen.getByRoleがあります。<Form>コンポーネントには<button>が含まれるため、次のテストは成功します（リスト5-6）。

▶ リスト5-6　src/05/03/Form.test.tsx

TypeScirpt

```typescript
test("ボタンの表示", () => {
  render(<Form name="taro" />);
  expect(screen.getByRole("button")).toBeInTheDocument();
});
```

この<button>要素は、明示的にbuttonロールを指定していません。それにもかかわらず取得できているのは「暗黙的なロール」の識別も、Tesging Libraryがサポートしているからです。

● 見出しのアサーション

getByRoleで、別の要素も取得してみましょう。見出しとして<h2>が含まれるため、getByRole("heading")を実行すると<h2>への参照が得られます（リスト5-7）。h1〜h6は、暗黙的なロールとしてheadingロールを持ちます。

▶ リスト5-7　src/05/03/Form.test.tsx

TypeScirpt

```typescript
test("見出しの表示", () => {
  render(<Form name="taro" />);
  expect(screen.getByRole("heading"));
});
```

取得した見出し要素に、期待するテキストが含まれているかをテストします（リスト5-8）。これはtoHaveTextContentマッチャーで検証できます。

▶ リスト5-8　src/05/03/Form.test.tsx

TypeScirpt

```typescript
test("見出しの表示", () => {
  render(<Form name="taro" />);
  expect(screen.getByRole("heading")).toHaveTextContent("アカウント情報");
});
```

Testing Libraryの基本原則では、このような「暗黙的なロール」も含めたクエリーを優先的に使用することが推奨されています。

ロールはWebアクセシビリティに欠かせない情報ですが、これまで馴染みのない開発者にとって、はじめは理解しづらいものです。Webアクセシビリティに馴染みのない方は、第5章9節「暗黙のロールとアクセシブルネーム」をご確認ください。

● イベントハンドラー呼び出しのテスト

イベントハンドラーとは、ある出来事が発生した際に呼び出される関数のことです。UIコンポーネントではPropsにイベントハンドラーを指定し「ボタンが押下されたときに～する」というように、必要な処理を実装します。

イベントハンドラーの呼び出しは、関数の単体テストと同じように、モック関数を利用して検証します。テスト対象のUIコンポーネントは、form要素のonSubmitイベントで呼ばれるonSubmitイベントハンドラーをPropsに持ちます。ここにモック関数mockFnを指定します。

ボタンが押下されるとonSubmitイベントが発火するのでfireEvent.clickを使用し、ボタンクリックを再現します（リスト5-9）。fireEventを使用すると、任意のDOMのイベントを発火させることができます。

▶ リスト5-9 src/05/03/Form.test.tsx

TypeScirpt

```
import { fireEvent, render, screen } from "@testing-library/react";

test("ボタンを押下すると、イベントハンドラーが実行される", () => {
  const mockFn = jest.fn();
  render(<Form name="taro" onSubmit={mockFn} />);
  fireEvent.click(screen.getByRole("button"));
  expect(mockFn).toHaveBeenCalled();
});
```

5-4 アイテム一覧UIコンポーネントテスト

　Propsから受け取った一覧を表示するテストを書いていきます。本節では、一度に複数要素を取得する方法について解説します。また「存在しないこと」を確認するマッチャーを使用し、要素の存在の確認方法について理解を深めます。

サンプルコード　src/05/04

● テスト対象のUIコンポーネント

　次のUIコンポーネントは、記事一覧表示をします（リスト5-10）。表示する要素がない場合「投稿記事がありません」という文字が表示されます。

▶ リスト5-10　src/05/04/ArticleList.tsx

```TypeScirpt
import { ArticleListItem, ItemProps } from "./ArticleListItem";

type Props = {
  items: ItemProps[];
};

export const ArticleList = ({ items }: Props) => {
  return (
    <div>
      <h2>記事一覧</h2>
      {items.length ? (
        <ul>
          {items.map((item) => (
            <ArticleListItem {...item} key={item.id} />
          ))}
        </ul>
      ) : (
        <p>投稿記事がありません</p>
      )}
    </div>
  );
};
```

主なテスト観点は次の通りです。アイテムが存在する場合／存在しない場合で表示分岐が生じるため、その点に着目してテストを書きます（表5-1）。

- アイテムが存在する場合、一覧表示されること
- アイテムが存在しない場合、一覧表示されないこと

表5-1　状態による記事一覧の表示分岐

状態	画像
アイテムが存在する場合	**記事一覧** • **TypeScript を使ったテストの書き方** テストを書く時、TypeScript を使うことで、テストの保守性が向上します… もっと見る • **Next.js の Link コンポーネント** Next.js の画面遷移には、Link コンポーネントを使用します… もっと見る • **Jest ではじめる React のコンポーネントテスト** Jest は単体テストとして、UIコンポーネントのテストが可能です… もっと見る
アイテムが存在しない場合	**記事一覧** 投稿記事がありません

第 5 章　UI コンポーネントテスト

● 一覧表示されることをテストする

はじめに、テストデータを用意します（リスト5-11）。`<ArticleListItem>` を一覧表示するために必要な配列です。

▶ リスト5-11　src/05/04/fixture.ts

```TypeScirpt
export const items: ItemProps[] = [
  {
    id: "howto-testing-with-typescript",
    title: "TypeScriptを使ったテストの書き方",
    body: "テストを書くとき、TypeScriptを使うことで、テストの保守性が向上します…",
  },
  {
    id: "nextjs-link-component",
    title: "Next.jsのLinkコンポーネント",
    body: "Next.jsの画面遷移には、Linkコンポーネントを使用します…",
  },
  {
    id: "react-component-testing-with-jest",
    title: "JestではじめるReactのコンポーネントテスト",
    body: "Jestは単体テストとして、UIコンポーネントのテストが可能です…",
  },
];
```

　一覧表示を確認していきましょう。getAllByRoleは、該当要素を配列で取得するAPIです。`<li>` 要素は暗黙のロールとしてlistitemを持つため、getAllByRole("listitem")で全ての `<li>` 要素が取得できます。toHaveLengthマッチャーは、配列の要素数を検証するマッチャーです。テストデータは3件用意していたので、3件表示されていることが確認できます（リスト5-12）。

▶ リスト5-12　配列の要素数を検証するマッチャー

```TypeScirpt
test("itemsの数だけ一覧表示される", () => {
  render(<ArticleList items={items} />);
  expect(screen.getAllByRole("listitem")).toHaveLength(3);
});
```

　`<li>` 要素が3件表示されることを確認できましたが、十分ではありません。テスト観点は「`<ul>` 要素（一覧）が表示されていること」であるため「`<ul>` 要素が存在しているか？」を検証するべきです。`<ul>` 要素は暗黙のロールとしてlistを持つため、screen.getBy

Role("list")で要素が取得できます。これで、一覧表示が確認できました（リスト5-13）。

▶ リスト5-13　一覧表示の検証

TypeScirpt

```typescript
test("一覧が表示される", () => {
  render(<ArticleList items={items} />);
  const list = screen.getByRole("list");
  expect(list).toBeInTheDocument();
});
```

within関数で絞り込む

この例は小さなコンポーネントのため問題になりませんが、大きなコンポーネントの場合「テスト対象ではないlistitem」もgetAllByRoleの返り値に含まれてしまう可能性があります。そのため、取得したlistノードに絞り込んで、そこに含まれるlistitemの要素数を検証するべきです。このように、対象を絞り込んで要素取得を行いたい場合、within関数を使用します。within関数の返り値には、screenと同じ要素取得APIが含まれます（リスト5-14）。

▶ リスト5-14　within関数による絞り込み

TypeScirpt

```typescript
import { render, screen, within } from "@testing-library/react";

test("itemsの数だけ一覧表示される", () => {
  render(<ArticleList items={items} />);
  const list = screen.getByRole("list");
  expect(list).toBeInTheDocument();
  expect(within(list).getAllByRole("listitem")).toHaveLength(3);
});
```

> withinを使用し、
> 取得対象ノードを絞り込む

● 一覧表示されないことをテストする

一覧に表示するデータが空の場合、一覧が表示されないとともに「投稿記事がありません」というテキストが表示されます。この状態を対象に、テストを書いていきます（リスト5-15）。これまで使用してきたgetByRoleやgetByLabelTextは、存在しない要素取得を試みた場合、エラーが発生します。そのため「存在しないこと」を確認したいときは、queryBy接頭辞を持つAPIを使用します。

一覧が存在することを検証していたgetByRoleを**queryByRole**に変更しましょう。

queryBy接頭辞を持つAPIを使用すると、エラー発生でテストが中断することがありません。取得できなかった場合nullが返ってくるため、not.toBeInTheDocumentまたはtoBeNullマッチャーで検証ができます（サンプルコードには2通り記載していますが、実際は両方使用する必要はありません）。

▶ リスト5-15　src/05/04/ArticleListItem.tsx

```TypeScirpt
test("一覧アイテムが空のとき「投稿記事がありません」が表示される", () => {
  // 空配列を与えて、一覧表示がない状態を再現する
  render(<ArticleList items={[]} />);
  // 存在しないと予想される要素の取得を試みる
  const list = screen.queryByRole("list");
  // listは存在しない
  expect(list).not.toBeInTheDocument();
  // listはnullである
  expect(list).toBeNull();
  // 「投稿記事がありません」が表示されていることを確認
  expect(screen.getByText("投稿記事がありません")).toBeInTheDocument();
});
```

以上で、一覧表示されないことがテストできました。

● 一覧要素UIコンポーネントのテスト

一覧表示のUIコンポーネントには、一覧要素にあたるUIコンポーネントが別途実装されていました。本書では、テストも同じように別途書くようにします（リスト5-16）。この一覧要素が行っていることは、Propsで受け取ったidから「もっと見る」のリンク先URLを算出することです。

▶ リスト5-16　src/05/04/ArticleListItem.tsx

```TypeScirpt
export type ItemProps = {
  id: string;
  title: string;
  body: string;
};

export const ArticleListItem = ({ id, title, body }: ItemProps) => {
  return (
    <li>
      <h3>{title}</h3>
      <p>{body}</p>
```

```
      <a href={`/articles/${id}`}>もっと見る</a>
    </li>
  );
};
```

テストデータとしてitemオブジェクトを用意します（リスト5-17）。spread構文...を使用し、オブジェクトをPropsとして展開。「もっと見る」リンクを、要素の属性を調べるtoHaveAttributeマッチャーで検証します。次のテストでhref属性のリンク文字列が、与えたidから算出されていることがテストできました。

▶ リスト5-17　src/05/04/ArticleListItem.test.tsx

`TypeScirpt`

```
const item: ItemProps = {
  id: "howto-testing-with-typescript",
  title: "TypeScriptを使ったテストの書き方",
  body: "テストを書くとき、TypeScriptを使うことで、テストの保守性が向上します…",
};

test("IDに紐づいたリンクが表示される", () => {
  render(<ArticleListItem {...item} />);
  expect(screen.getByRole("link", { name: "もっと見る" })).toHaveAttribute(
    "href",
    "/articles/howto-testing-with-typescript"
  );
});
```

---

column　クエリー（要素取得API）の優先順位

「ユーザー操作を限りなく再現する」ことが、Testing Libraryのコーディング原則です。この原則にならい、要素取得APIは次の優先順位で使用することが推奨されています。本書もこの原則にならい、特別な理由がない限り優先順位通りに使用します。

①誰でもアクセスできるクエリー

心身特性に隔たりのない体験にもとづくクエリーです。視覚的認知とスクリーンリーダーなどによる認知が、同等であることが証明できます。

- getByRole
- getByLabelText
- getByPlaceholderText
- getByText
- getByDisplayValue

getByRoleで取得できる要素は、明示的に与えたrole属性だけでなく、要素が持つ「暗黙のロール」も対象となります。ロールの対応表は本章の最後にまとめますので、ロールの扱いに馴染みのない方はそちらをご参照ください。

②セマンティッククエリー
標準仕様にのっとった属性にもとづくクエリーです。これらの属性にもとづく体験は、ブラウザや支援技術によって大きく異なることに注意してください。

- getByAltText
- getByTitle

③テストID
テストのためだけに与えられる符号です。role属性やtextコンテンツによるクエリーがどうしても不能な場合、または意図的に意味を持たせたくないときに限り使用が推奨されます。

- getByTestId

クエリーの優先順位に関する詳細は、ライブラリ公式ドキュメント※5-7も参考にしてください。

※5-7　https://testing-library.com/docs/queries/about/#priority

インタラクティブな
UIコンポーネントテスト

Form要素の操作／状態チェックのテストを書いていきます。また、DOM構造にもとづき構築されるアクセシビリティツリーがどういったものであるか、アクセシビリティ由来のクエリーを使って理解を深めます。

サンプルコード src/05/05

● テスト対象のUIコンポーネント

次のUIコンポーネントは、新規アカウント登録フォームを仮定したものです（リスト5-18、図5-5）。メールアドレスとパスワードを入力してサインアップを試行しますが、「利用規約に同意する」にチェックをつけなければ送信できない、というフォームです。

はじめに、フォームを構成する子コンポーネントを確認していきましょう。「利用規約の同意」を求めるコンポーネントです。チェックボックスを押下すると、イベントハンドラーonChange関数をコールバック関数として呼び出します。

▶ リスト5-18　src/05/05/Agreement.tsx

`TypeScirpt`

```
type Props = {
  onChange?: React.ChangeEventHandler<HTMLInputElement>;
};

export const Agreement = ({ onChange }: Props) => {
  return (
    <fieldset>
      <legend>利用規約の同意</legend>
      <label>
        <input type="checkbox" onChange={onChange} />
        当サービスの<a href="/terms">利用規約</a>を確認し、これに同意します
      </label>
    </fieldset>
  );
};
```

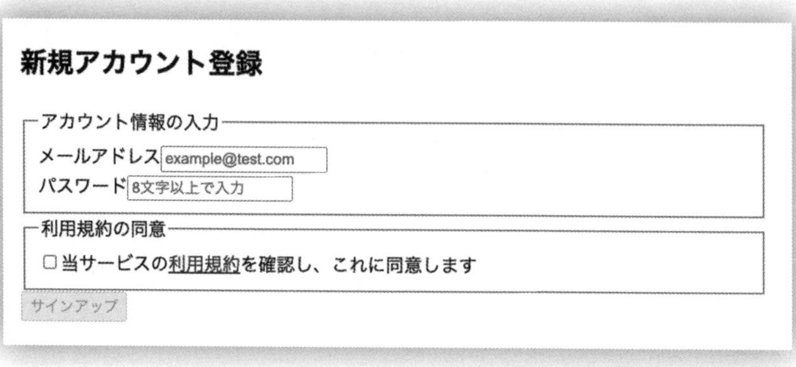

図5-5　テスト対象のUIコンポーネント

アクセシブルネームの引用

　<fieldset>要素は、暗黙のロールとしてgroupロールを持ちます。<legend>要素は<fieldset>要素の子要素として使用するもので、グループのタイトルをつけるための要素です。

　次のテストは、<legend>に表示されている文字が、<fieldset>のアクセシブルネームとして引用されることを検証するテストです（リスト5-19）。<legend>要素があることで、暗黙的にこのグループのアクセシブルネームが決まっている、ということが検証できます。

▶ リスト5-19　src/05/05/Agreement.test.tsx

```TypeScirpt
test("fieldsetのアクセシブルネームは、legendを引用している", () => {
  render(<Agreement />);
  expect(
    screen.getByRole("group", { name: "利用規約の同意" })
  ).toBeInTheDocument();
});
```

　このUIコンポーネントと同じ見た目であっても、次のマークアップはあまりよくありません（リスト5-20）。なぜなら、<div>要素はロールを持たないため、アクセシビリティツリー上では、ひとまとまりのグループとして識別できないからです。

```tsx
export const Agreement = ({ onChange }: Props) => {
  return (
    <div>
      <h3>利用規約の同意</h3>
      <label>
        <input type="checkbox" onChange={onChange} />
        当サービスの<a href="/terms">利用規約</a>を確認し、これに同意します
      </label>
    </div>
  );
};
```

　つまり、テストを書くときにも、このグループ（Agreementコンポーネント）をひとまとまりのグループとして、特定することが困難です。このように、UIコンポーネントのテストを書くことで、アクセシビリティへ配慮する機会が増えます。

checkboxの初期状態を検証

　checkboxの状態を、カスタムマッチャーtoBeCheckedで検証します（リスト5-21）。表示初期はチェックされていないため、not.toBeCheckedは成功します。

▶ リスト5-21　src/05/05/Agreement.test.tsx

```tsx
test("チェックボックスはチェックが入っていない", () => {
  render(<Agreement />);
  expect(screen.getByRole("checkbox")).not.toBeChecked();
});
```

●「アカウント情報の入力」コンポーネントをテストする

　フォームを構成する、別の子コンポーネントを確認していきましょう。次のUIコンポーネントは、サインアップに必要な「メールアドレス」と「パスワード」を入力するUIコンポーネントです（リスト5-22）。それぞれ<input>要素に文字列を入力するテストを書いていきます。

▶ リスト5-22　src/05/05/InputAccount.tsx

```tsx
export const InputAccount = () => {
  return (
    <fieldset>
```

```
      <legend>アカウント情報の入力</legend>
      <div>
        <label>
          メールアドレス
          <input type="text" placeholder="example@test.com" />
        </label>
      </div>
      <div>
        <label>
          パスワード
          <input type="password" placeholder="8文字以上で入力" />
        </label>
      </div>
    </fieldset>
  );
};
```

userEventで文字を入力する

　文字入力再現は、"@testing-library/react"のfireEventでも可能ですが、今回はよりユーザー操作に近い再現を実現する"@testing-library/user-event"を使用していきます（リスト5-23）。はじめに、userEvent.setup()で、APIを呼び出すuserインスタンスを作成します。各々のテストでは、このセットアップしたuserを使用します。

　次に、screen.getByRoleでメールアドレス入力欄を取得します。<input type='text'/>は、暗黙のtextboxロールを持ちます。ここで取得したtextboxに対し、user.type APIで入力操作を再現します。userEventを使用したインタラクションは全て、操作が完了するまで待つ必要がある非同期処理なので、awaitで入力完了を待ちます。

　最後にgetByDisplayValueを使用して「期待値が入力されているフォーム構成要素」が存在するかを検証し、テストの完成です。

▶ リスト5-23　src/05/05/InputAccount.test.tsx

`TypeScirpt`

```
import userEvent from "@testing-library/user-event";
// テストファイルではじめにセットアップ
const user = userEvent.setup();

test("メールアドレス入力欄", async () => {
  render(<InputAccount />);
  // メールアドレス入力欄を取得
  const textbox = screen.getByRole("textbox", { name: "メールアドレス" });
```

```
const value = "taro.tanaka@example.com";
// textboxにvalueを入力
await user.type(textbox, value);
// 期待値が入力されている、フォーム構成要素が存在するかを検証
expect(screen.getByDisplayValue(value)).toBeInTheDocument();
});
```

パスワードを入力する

同じように、パスワードも入力してみましょう。次のテストは一見成功しそうに見えますが、エラーが発生して失敗します（リスト5-24）。

▶ リスト5-24　パスワード入力欄の存在チェック

TypeScirpt

```
test("パスワード入力欄", async () => {
  render(<InputAccount />);
  const textbox = screen.getByRole("textbox", { name: "パスワード" });
  expect(textbox).toBeInTheDocument();
});
```

原因は、`<input type='password'/>`が**ロールを持たない**からです。見た目で判断すると textbox ロールのように思えるので、はじめは戸惑うでしょう。HTML要素は与えられた属性によって、暗黙のロールが変化するものがあります。もっとわかりやすい例として、`<input type='radio'/>`は`<input>`要素ですが、ロールは radio です。HTML要素とロールはイコールではないので、注意しましょう。

`<input type='password'/>`がロールを持たない件について、詳しくはhttps://github.com/w3c/aria/issues/935をご確認ください。要素取得の代替手段の1つとして、placeholder値を参照する getByPlaceholderText で、パスワード入力欄を特定します（リスト5-25）。

▶ リスト5-25　src/05/05/InputAccount.test.tsx

TypeScirpt

```
test("パスワード入力欄", async () => {
  render(<InputAccount />);
  expect(() => screen.getByRole("textbox", { name: "パスワード" })).toThrow();
  expect(() => screen.getByPlaceholderText("8文字以上で入力")).not.toThrow();
});
```

要素が取得できれば、あとは同様に文字入力を行いアサーションを書きます（リスト5-26）。これで、パスワードも入力することができました。

▶ リスト5-26　src/05/05/InputAccount.test.tsx

TypeScirpt

```tsx
test("パスワード入力欄", async () => {
  render(<InputAccount />);
  const password = screen.getByPlaceholderText("8文字以上で入力");
  const value = "abcd1234";
  await user.type(password, value);
  expect(screen.getByDisplayValue(value)).toBeInTheDocument();
});
```

●「新規アカウント登録フォーム」をテストする

　最後に、親コンポーネントであるフォームコンポーネントを見ていきましょう（リスト5-27）。Agreementコンポーネントの「利用規約に同意する」にチェックがついているか否かは、Reactの useState フックを使用して、このコンポーネントの状態として保持されています。

▶ リスト5-27　src/05/05/Form.tsx

TypeScirpt

```tsx
import { useId, useState } from "react";
import { Agreement } from "./Agreement";
import { InputAccount } from "./InputAccount";

export const Form = () => {
  const [checked, setChecked] = useState(false);
  const headingId = useId();
  return (
    <form aria-labelledby={headingId}>
      <h2 id={headingId}>新規アカウント登録</h2>
      <InputAccount />
      <Agreement
        onChange={(event) => {
          setChecked(event.currentTarget.checked);
        }}
      />
      <div>
        <button disabled={!checked}>サインアップ</button>
      </div>
    </form>
  );
};
```

112

「サインアップ」ボタンの活性／非活性をテストする

　チェックボックスをクリックすることで、状態として保持している真偽値のcheckedが切り替わり「サインアップ」ボタンの活性／非活性が切り替わります。文字入力と同様に、userEvent.setupで準備したuserを使用してawait user.click(要素)でクリックを再現します。ボタンの活性／非活性を検証するためにはtoBeDisabledとtoBeEnabledのマッチャーを使用します（リスト5-28）。

▶ リスト5-28　src/05/05/Form.test.tsx

```
test("「サインアップ」ボタンは非活性", () => {
  render(<Form />);
  expect(screen.getByRole("button", { name: "サインアップ" })).toBeDisabled();
});

test("「利用規約の同意」チェックボックスを押下すると「サインアップ」ボタンは活性化", ➡
async () => {
  render(<Form />);
  await user.click(screen.getByRole("checkbox"));
  expect(screen.getByRole("button", { name: "サインアップ" })).toBeEnabled();
});
```

formのアクセシブルネーム

　このフォームのアクセシブルネームは、headingロールである<h2>要素の文字列を引用しています。aria-labelledby属性に<h2>要素のIDを指定することで、アクセシブルネームとして引用させることができます（リスト5-29）。

　HTML要素のid属性は、ドキュメント内で一意である必要があります。重複しないように管理することが難しい値ですが、React 18で追加されたフックのuseIdは、こういったアクセシビリティ観点で必要なid値の自動生成、自動管理に便利です。

▶ リスト5-29　useIdを使用した一意なIDの生成

```
import { useId } from "react";

export const Form = () => {
  const headingId = useId();
  return (
    <form aria-labelledby={headingId}>
      <h2 id={headingId}>新規アカウント登録</h2>
               省略
```

```
      </form>
  );
};
```

アクセシブルネームを与えることで、`<form>`要素はformロールが適用されます（アクセシブルネームがない場合はロールを持ちません）（リスト5-30)。

▶ リスト5-30　formロールの要素取得

TypeScirpt

```typescript
test("formのアクセシブルネームは、見出しを引用している", () => {
  render(<Form />);
  expect(
    screen.getByRole("form", { name: "新規アカウント登録" })
  ).toBeInTheDocument();
});
```

5-6 ユーティリティ関数を使用したテスト

　UIコンポーネントのテストにおいて、ユーザー操作（インタラクション）は検証の起点となります。本節ではWebアプリケーションに欠かせないForm入力インタラクションを、関数化して再利用するTIPSを解説します。

サンプルコード　src/05/06

● テスト対象のUIコンポーネント

　次のUIコンポーネントは、お届け先情報の入力フォームです（リスト5-31)。ログインユーザーが買い物をする際、商品の届け先を指定するものと仮定してください。過去に買い物をした履歴のないユーザーは「お届け先」を入力します。過去に買い物をした履歴のあるユーザーは「過去のお届け先」が選べますが「新しいお届け先」を入力指定することも可能です。

▶ リスト5-31　src/05/06/Form.tsx

```tsx
import { useState } from "react";
import { ContactNumber } from "./ContactNumber";
import { DeliveryAddress } from "./DeliveryAddress";
import { PastDeliveryAddress } from "./PastDeliveryAddress";
import { RegisterDeliveryAddress } from "./RegisterDeliveryAddress";

export type AddressOption = React.ComponentProps<"option"> & { id: string };
export type Props = {
  deliveryAddresses?: AddressOption[];
  onSubmit?: (event: React.FormEvent<HTMLFormElement>) => void;
};
export const Form = (props: Props) => {
  const [registerNew, setRegisterNew] = useState<boolean | undefined>(
    undefined
  );
  return (
    <form onSubmit={props.onSubmit}>
      <h2>お届け先情報の入力</h2>
      <ContactNumber />
      {props.deliveryAddresses?.length ? (
        <>
          <RegisterDeliveryAddress onChange={setRegisterNew} />
          {registerNew ? (
            <DeliveryAddress title="新しいお届け先" />
          ) : (
            <PastDeliveryAddress
              disabled={registerNew === undefined}
              options={props.deliveryAddresses}
            />
          )}
        </>
      ) : (
        <DeliveryAddress />
      )}
      <hr />
      <div>
        <button>注文内容の確認へ進む</button>
      </div>
    </form>
  );
};
```

主なテスト観点は、表示分岐によって送信される値が3パターンあることです（表5-2）。

- 過去のお届け先なし
- 過去のお届け先あり：新しいお届け先を登録しない
- 過去のお届け先あり：新しいお届け先を登録する

表5-2　状態による表示分岐

状態	画像
過去のお届け先なし	**お届け先情報の入力** 連絡先 電話番号 [　　　　] お名前 [　　　　] お届け先 郵便番号 [167-0051] 都道府県 [東京都] 市区町村 [杉並区荻窪1] 番地番号 [00-00] [注文内容の確認へ進む]
過去のお届け先あり	**お届け先情報の入力** 連絡先 電話番号 [　　　　] お名前 [　　　　] 新しいお届け先を登録しますか？ ○いいえ ○はい 過去のお届け先 〒167-0051 東京都杉並区荻窪1-00-00 ∨ [注文内容の確認へ進む]

● フォームに入力するインタラクションを関数化する

フォーム入力のテストは、同じインタラクションを何度も書く必要が出てきます。本節のテスト対象のように表示分岐を含む場合、特にその傾向があります。何度も繰り返される同じインタラクションは、1つの関数にまとめることで再利用ができます。次の関数は「連絡先を入力する」インタラクション関数です。あらかじめ入力内容の初期値を引数に設定しておくと、必要に応じて変更することも可能なので便利です（リスト5-32）。

▶ リスト5-32　src/05/06/Form.test.tsx

TypeScirpt

```typescript
async function inputContactNumber(
  inputValues = {
    name: "田中 太郎",
    phoneNumber: "000-0000-0000",
  }
) {
  await user.type(
    screen.getByRole("textbox", { name: "電話番号" }),
    inputValues.phoneNumber
  );
  await user.type(
    screen.getByRole("textbox", { name: "お名前" }),
    inputValues.name
  );
  return inputValues;
}
```

次の関数は「お届け先を入力する」インタラクション関数です（リスト5-33）。このような入力項目が多いフォームでは、関数化の効果が高いです。

▶ リスト5-33　src/05/06/Form.test.tsx

TypeScirpt

```typescript
async function inputDeliveryAddress(
  inputValues = {
    postalCode: "167-0051",
    prefectures: "東京都",
    municipalities: "杉並区荻窪1",
    streetNumber: "00-00",
  }
) {
  await user.type(
    screen.getByRole("textbox", { name: "郵便番号" }),
    inputValues.postalCode
```

第5章 UIコンポーネントテスト

117

```typescript
  );
  await user.type(
    screen.getByRole("textbox", { name: "都道府県" }),
    inputValues.prefectures
  );
  await user.type(
    screen.getByRole("textbox", { name: "市区町村" }),
    inputValues.municipalities
  );
  await user.type(
    screen.getByRole("textbox", { name: "番地番号" }),
    inputValues.streetNumber
  );
  return inputValues;
}
```

● 過去のお届け先がない場合のテスト

　それでは「過去のお届け先がない場合」の表示について、テストを書いていきます
（リスト5-34）。<Form>コンポーネントにはdeliveryAddressesというPropsが指定可能
で、これが「過去のお届け先」に相当します。もし指定がなければ「過去のお届け先なし」と
いう状態になります。お届け先を入力してもらう必要があるので、入力エリアが表示されてい
ることを検証します。

▶ リスト5-34　src/05/06/Form.test.tsx

`TypeScirpt`

```typescript
describe("過去のお届け先がない場合", () => {
  test("お届け先入力欄がある", () => {
    render(<Form />);
    expect(screen.getByRole("group", { name: "連絡先" })).toBeInTheDocument();
    expect(screen.getByRole("group", { name: "お届け先" })).toBeInTheDocument();
  });
});
```

　先ほど準備した「インタラクション関数」を使用して必要な入力を済ませます（リスト5-35）。
inputContactNumber関数とinputDeliveryAddress関数はそれぞれ、入力した内容が
戻り値になります。入力エリアに入力した内容は{ ...contactNumber, ...delivery
Address }で表せるため「入力内容が送信されたか？」という検証が、次のテストで実現で
きます。

▶ リスト5-35　src/05/06/Form.test.tsx

```tsx
describe("過去のお届け先がない場合", () => {
  test("入力、送信すると、入力内容が送信される", async () => {
    const [mockFn, onSubmit] = mockHandleSubmit();
    render(<Form onSubmit={onSubmit} />);
    const contactNumber = await inputContactNumber();
    const deliveryAddress = await inputDeliveryAddress();
    await clickSubmit();
    expect(mockFn).toHaveBeenCalledWith(
      expect.objectContaining({ ...contactNumber, ...deliveryAddress })
    );
  });
});
```

　clickSubmitという関数は紙面では紹介していませんが、どういったインタラクションが行われているのか、テストコードから汲み取れますね。インタラクションの詳細を関数に隠蔽すると、それぞれのテストで何を検証したいのかが明確になります。

Formイベントを検証するためのモック関数

　onSubmitで送信される値の検証には、モック関数を使用しています（リスト5-36）。mockHandleSubmit関数は、スパイとイベントハンドラーの組み合わせを作成します。

▶ リスト5-36　src/05/06/Form.test.tsx

```tsx
function mockHandleSubmit() {
  const mockFn = jest.fn();
  const onSubmit = (event: React.FormEvent<HTMLFormElement>) => {
    event.preventDefault();
    const formData = new FormData(event.currentTarget);
    const data: { [k: string]: unknown } = {};
    formData.forEach((value, key) => (data[key] = value));
    mockFn(data);
  };
  return [mockFn, onSubmit] as const;
}
```

● 過去のお届け先がある場合のテスト

次に「過去のお届け先がある場合」の表示について、テストを書いていきます（リスト5-37）。
`<Form>`コンポーネントのdeliveryAddressesに過去のお届け先相当のオブジェクトを与えると、その状態を再現します。この状態では「新しいお届け先を登録しますか？」という設問がまず目につきます。「いいえ／はい」どちらかが選択されるまで「過去のお届け先」セレクトボックスは非活性です。

▶ リスト5-37　src/05/06/Form.test.tsx

`TypeScirpt`

```typescript
describe("過去のお届け先がある場合", () => {
  test("設問に答えるまで、お届け先を選べない", () => {
    render(<Form deliveryAddresses={deliveryAddresses} />);
    expect(
      screen.getByRole("group", { name: "新しいお届け先を登録しますか？" })
    ).toBeInTheDocument();
    expect(
      screen.getByRole("group", { name: "過去のお届け先" })
    ).toBeDisabled();
  });
});
```

「いいえ」を選択した場合の、送信内容を検証

「いいえ」を選択すると、住所入力のインタラクション（inputDeliveryAddress関数）は不要です。連絡先入力のインタラクション（inputContactNumber関数）だけを実行し、入力内容が送信されたかを確認します（リスト5-38）。

▶ リスト5-38　src/05/06/Form.test.tsx

`TypeScirpt`

```typescript
describe("過去のお届け先がある場合", () => {
  test("「いいえ」を選択、入力、送信すると、入力内容が送信される", async () => {
    const [mockFn, onSubmit] = mockHandleSubmit();
    render(<Form deliveryAddresses={deliveryAddresses} onSubmit={onSubmit} />);
    await user.click(screen.getByLabelText("いいえ"));
    expect(getGroupByName("過去のお届け先")).toBeInTheDocument();
    const inputValues = await inputContactNumber();
    await clickSubmit();
    expect(mockFn).toHaveBeenCalledWith(expect.objectContaining(inputValues));
  });
});
```

120

「はい」を選択した場合の、送信内容を検証

「はい」を選択すると、住所入力のインタラクション（inputDeliveryAddress関数）が必要です（リスト5-39）。過去のお届け先がない場合と同様に、全ての入力項目を入力し、送信内容を検証します。

▶ リスト5-39　src/05/06/Form.test.tsx

```TypeScirpt
describe("過去のお届け先がある場合", () => {
  test(" 「はい」 を選択、入力、送信すると、入力内容が送信される", async () => {
    const [mockFn, onSubmit] = mockHandleSubmit();
    render(<Form deliveryAddresses={deliveryAddresses} onSubmit={onSubmit} />);
    await user.click(screen.getByLabelText("はい"));
    expect(getGroupByName("新しいお届け先")).toBeInTheDocument();
    const contactNumber = await inputContactNumber();
    const deliveryAddress = await inputDeliveryAddress();
    await clickSubmit();
    expect(mockFn).toHaveBeenCalledWith(
      expect.objectContaining({ ...contactNumber, ...deliveryAddress })
    );
  });
});
```

5-7 非同期処理を含む UIコンポーネントテスト

前節では、`<input>` 要素に文字を入力すると「`<form>` 要素のonSubmitイベントハンドラーが呼び出される」というテストを書きました。本節ではこの値をFetch APIで送信するまでの処理を対象とし、テストを書いていきます。

サンプルコード　src/05/07

● テスト対象のUIコンポーネント

次のUIコンポーネントは、アカウント情報登録ページを表すコンポーネントです（リスト5-40、図5-6）。Web APIレスポンスに応じて、postResultにメッセージが格納されます。メッ

セージはそのまま、このUIコンポーネントに表示されます。この<Form>コンポーネントは
onSubmitイベントが発生したとき、次の処理が行われます。

① handleSubmit関数：form要素で送信される値をオブジェクトvaluesに整形
② checkPhoneNumber関数：送信される値のバリデーションを実施
③ postMyAddress関数：Web APIクライアント呼び出し

▶ リスト5-40　src/05/07/RegisterAddress.tsx

TypeScirpt

```tsx
import { useState } from "react";
import { Form } from "../04/Form";
import { postMyAddress } from "./fetchers";
import { handleSubmit } from "./handleSubmit";
import { checkPhoneNumber, ValidationError } from "./validations";

export const RegisterAddress = () => {
  const [postResult, setPostResult] = useState("");
  return (
    <div>
      <Form                                                        ──① 
        onSubmit={handleSubmit((values) => {
          try {
            checkPhoneNumber(values.phoneNumber);                  ──② 
            postMyAddress(values)                                  ──③ 
              .then(() => {
                setPostResult("登録しました");
              })
              .catch(() => {
                setPostResult("登録に失敗しました");
              });
          } catch (err) {
            if (err instanceof ValidationError) {
              setPostResult("不正な入力値が含まれています");
              return;
            }
            setPostResult("不明なエラーが発生しました");
          }
        })}
      />
      {postResult && <p>{postResult}</p>}
    </div>
  );
};
```

図5-6　テスト対象のUIコンポーネント

テスト観点は、入力内容とWeb APIレスポンスによって出し分けられる、4パターンの
メッセージの表示確認です。4パターンのメッセージが表示されるように、それぞれテストを
書いていきましょう。

● Web APIクライアントの確認

valuesにまとめられた値は、Fetch APIを使用したWeb APIクライアントpostMyAddress
を使用します（リスト5-41）。このWeb APIクライアントは、第4章6節に書かれているもの
と、ほぼ差異はありません。HTTPステータスが300番台以上の場合、例外をスローします。

▶ リスト5-41　src/05/07/fetchers/index.ts

```TypeScirpt
export function postMyAddress(values: unknown): Promise<Result> {
  return fetch(host("/my/address"), {
    method: "POST",
    body: JSON.stringify(values),
    headers,
  }).then(handleResponse);
}
```

● Web APIクライアントのモック関数

第4章6節「Web APIの詳細なモック」を参考に、postMyAddressをモックする関数を用意します（リスト5-42）。

▶ リスト5-42　src/05/07/fetchers/mock.ts

TypeScirpt

```typescript
import * as Fetchers from ".";
import { httpError, postMyAddressMock } from "./fixtures";

export function mockPostMyAddress(status = 200) {
  if (status > 299) {
    return jest
      .spyOn(Fetchers, "postMyAddress")
      .mockRejectedValueOnce(httpError);
  }
  return jest
    .spyOn(Fetchers, "postMyAddress")
    .mockResolvedValueOnce(postMyAddressMock);
}
```

● 入力送信を行うインタラクション関数

UIを操作して送信ボタンを押下した結果、どのように表示されるかをテストします。前節「ユーティリティ関数を使用したテスト」を参考に「全ての入力欄に入力し、送信するまで」を1つの非同期関数にまとめます（リスト5-43）。

▶ リスト5-43　src/05/07/RegisterAddress.test.tsx

TypeScirpt

```typescript
async function fillValuesAndSubmit() {
  const contactNumber = await inputContactNumber();
  const deliveryAddress = await inputDeliveryAddress();
  const submitValues = { ...contactNumber, ...deliveryAddress };
  await clickSubmit();
  return submitValues;
}
```

● 成功レスポンス時のテスト

それではまず、成功するパターンのテストを見ていきましょう（リスト5-44）。mockPostMyAddress関数を使用することで、Web APIクライアントのレスポンスが置き換わり

ます。モックモジュールを実施するテストでは、ファイル冒頭でjest.mock(モジュールパス);を忘れずに実行します。

▶ リスト5-44　src/05/07/RegisterAddress.test.tsx

```typescript
test("成功時「登録しました」が表示される", async () => {
  const mockFn = mockPostMyAddress();
  render(<RegisterAddress />);
  const submitValues = await fillValuesAndSubmit();
  expect(mockFn).toHaveBeenCalledWith(expect.objectContaining(submitValues));
  expect(screen.getByText("登録しました")).toBeInTheDocument();
});
```

● 失敗レスポンス時のテスト

　Web APIレスポンスのrejectを再現するため、モック関数の引数に500を設定します（リスト5-45）。これで、reject時のエラー文字が表示されることがテストできました。

▶ リスト5-45　src/05/07/RegisterAddress.test.tsx

```typescript
test("失敗時「登録に失敗しました」が表示される", async () => {
  const mockFn = mockPostMyAddress(500);
  render(<RegisterAddress />);
  const submitValues = await fillValuesAndSubmit();
  expect(mockFn).toHaveBeenCalledWith(expect.objectContaining(submitValues));
  expect(screen.getByText("登録に失敗しました")).toBeInTheDocument();
});
```

● バリデーションエラー時のテスト

　第4章6節「Web APIの詳細なモック」で紹介したように、送信しようとする値にバリデーションを実施します。不正な入力値（期待しないフォーマット）の場合、送信自体行わないので、ユーザーに正しい入力をすぐさま掲出することができます。便利なバリデーションライブラリが多くありますが、本節のサンプルでは、簡易的な自作バリデーションを施します（リスト5-46、リスト5-47）。

　checkPhoneNumber関数は、電話番号の入力値を検証するバリデーション関数です。値に「半角数字、ハイフン」以外が含まれていた場合、ValidationErrorをスローします。try…catch文で囲い、errがValidationErrorインスタンスの場合、バリデーションエラーとみなします。

▶ リスト5-46　src/05/07/RegisterAddress.tsx

TypeScirpt

```tsx
<Form
  onSubmit={handleSubmit((values) => {
    try {
      checkPhoneNumber(values.phoneNumber);
      // データ取得関数
    } catch (err) {
      if (err instanceof ValidationError) {
        setPostResult("不正な入力値が含まれています");
        return;
      }
    }
  })}
/>
```

▶ リスト5-47　src/05/07/validations.ts

TypeScirpt

```ts
export class ValidationError extends Error {}

export function checkPhoneNumber(value: any) {
  if (!value.match(/^[0-9\-]+$/)) {
    throw new ValidationError();
  }
}
```

このバリデーションエラー分岐をテストで通過するように「半角数字／ハイフン以外」を含む操作関数 fillInvalidValuesAndSubmit を新たに用意します（リスト5-48）。input ContactNumber関数で、入力する値が不正な値になるよう、調整しています。

▶ リスト5-48　src/05/07/RegisterAddress.test.tsx

TypeScirpt

```tsx
async function fillInvalidValuesAndSubmit() {
  const contactNumber = await inputContactNumber({
    name: "田中 太郎",
    phoneNumber: "abc-defg-hijk",          ← 不正な値に変更
  });
  const deliveryAddress = await inputDeliveryAddress();
  const submitValues = { ...contactNumber, ...deliveryAddress };
  await clickSubmit();
  return submitValues;
}
```

このように「準備、実行、検証」の3ステップにまとめられたテストコードはArrange-Act-Assert（AAA）パターンと呼ばれており、可読性が高いことが特徴です（リスト5-49）。

▶ リスト5-49　src/05/07/RegisterAddress.test.tsx

```
                                                                    TypeScirpt
test("バリデーションエラー時、メッセージが表示される", async () => {
  render(<RegisterAddress />);  ◀─────────────────────  準備：Arrange
  await fillInvalidValuesAndSubmit();  ◀─────────────  実行：Act
  expect(screen.getByText("不正な入力値が含まれています")).toBeInTheDocument();
});                                                              ◀─── 検証：Assert
```

● 不明なエラー時のテスト

モック関数が実行されていないテストでは、Web APIのリクエストを処理できません（リスト5-50）。そのため、これをそのまま不明なエラーの発生状況の再現として使用します。

▶ リスト5-50　src/05/07/RegisterAddress.test.tsx

```
                                                                    TypeScirpt
test("不明なエラー時、メッセージが表示される", async () => {
  render(<RegisterAddress />);
  await fillValuesAndSubmit();
  expect(screen.getByText("不明なエラーが発生しました")).toBeInTheDocument();
});
```

本節ではモック関数を使い分け、4パターンのメッセージが表示されることを確認しました。非同期処理はエラー分岐が複雑になることが多いため、テストを書きながら考慮漏れがないか確認するとよいでしょう。

5-8 UIコンポーネントの スナップショットテスト

UIコンポーネントに予期せずリグレッションが発生していないかの検証として、スナップショットテストが活用できます。本節では、スナップショットテストの活用方法を解説します。

サンプルコード　src/05

● snapshot を記録する

　UIコンポーネントのスナップショットテストを実行すると、ある時点のレンダリング結果をHTML文字列として外部ファイルに保存することができます。スナップショットテストを実行するには、対象としたいUIコンポーネントのテストファイルで、次のようにtoMatchSnapshotを含んだアサーションを実行します（リスト5-51）。

▶ リスト5-51　src/05/03/Form.test.tsx

`TypeScirpt`

```typescript
test("Snapshot: アカウント名「taro」が表示される", () => {
  const { container } = render(<Form name="taro" />);
  expect(container).toMatchSnapshot();
});
```

　すると、テストファイルと同階層に__snapshots__が作成され、対象テストファイルと同名称の.snapファイルが出力されます。ファイルは次のような内容となっており、HTML文字列化されたUIコンポーネントが確認できます（リスト5-52）。

▶ リスト5-52　src/05/03/__snapshots__/Form.test.tsx.snap

`snapshot`

```
exports[`Snapshot: アカウント名「taro」が表示される 1`] = `
<div>
  <form>
    <h2>
      アカウント情報
    </h2>
    <p>
      taro
    </p>
    <div>
      <button>
        編集する
      </button>
    </div>
  </form>
</div>
`;
```

　この.snapファイルは自動出力されるファイルですが、git管理対象としてコミットします。

●リグレッションを発生させてみる

対象ファイルのコミット済み.snapファイルと、現時点のスナップショットを比較し、差分がある場合にテストを失敗させることがスナップショットテストの基本です。テストが失敗するよう、意図的にnameを「jiro」に変更してみます（リスト5-53）。

▶ リスト5-53 src/05/03/Form.test.tsx

TypeScirpt

```tsx
test("Snapshot: アカウント名「taro」が表示される", () => {
  const { container } = render(<Form name="jiro" />);
  expect(container).toMatchSnapshot();
});
```

テストを実行すると、変更を加えた箇所にdiffが発生し、テストが失敗します。この例では、非常に単純なリグレッションを意図的に与えましたが、UIコンポーネントが複雑に構成されている場合、意図しないリグレッションを検知することができます。

bash

```
Snapshot: アカウント名「taro」が表示される

expect(received).toMatchSnapshot()

Snapshot name: `Snapshot: アカウント名「taro」が表示される 1`

- Snapshot  - 1
+ Received  + 1

@@ -2,11 +2,11 @@
    <form>
      <h2>
        アカウント情報
      </h2>
      <p>
-       taro
+       jiro
      </p>
      <div>
        <button>
          編集する
        </button>

  26 | test("Snapshot: アカウント名「taro」が表示される", () => {
  27 |   const { container } = render(<Form name="jiro" />);
```

```
  > 28 |    expect(container).toMatchSnapshot();
     |                          ^
    29 | });
```

● snapshotを更新する

　失敗したテストを成功させるためには、コミット済みのスナップショットを更新します。テスト実行時に--updateSnapshotまたは-uオプションを付与することで、スナップショットは新しい内容に書き変わります。

　スナップショットテストを記録した後も、機能追加や変更により、UIコンポーネントのHTML出力内容は変わり続けるものです。発生した差分は意図通りであり「変更を許可したもの」として、スナップショットの新しい内容をコミットします。

```bash
$ npx jest --updateSnapshot
```

● インタラクション実施後のsnapshotも記録できる

　UIコンポーネントに与えたPropsにもとづく出力結果だけでなく、インタラクション実施後の出力内容を記録することもできます。前節のテストファイルに書かれていた、スナップショットテストを見てみましょう。この状態は、レンダリング初期状態のスナップショットです（リスト5-54）。

▶ リスト5-54　src/05/07/RegisterAddress.test.tsx

```TypeScirpt
test("Snapshot: 登録フォームが表示される", async () => {
  mockPostMyAddress();
  // const mockFn = mockPostMyAddress();
  const { container } = render(<RegisterAddress />);
  // const submitValues = await fillValuesAndSubmit();
  // expect(mockFn).toHaveBeenCalledWith(expect.objectContaining➡
(submitValues));
  expect(container).toMatchSnapshot();
});
```

　コメントアウトしている行を、次のように変更してみます（リスト5-55）。フォーム送信を実施し、成功レスポンスが返ってきた時点で、スナップショットを記録しています。

▶ リスト5-55　src/05/07/RegisterAddress.test.tsx

TypeScirpt

```tsx
test("Snapshot: 登録フォームが表示される", async () => {
  // mockPostMyAddress();
  const mockFn = mockPostMyAddress();
  const { container } = render(<RegisterAddress />);
  const submitValues = await fillValuesAndSubmit();
  expect(mockFn).toHaveBeenCalledWith(expect.objectContaining(submitValues));
  expect(container).toMatchSnapshot();
});
```

　すると、期待通り「登録しました」の出力が差分として検出されました。メッセージが表示されるまでの一連のロジックのうち、どこかに期待しないリグレッションが発生していた場合、こういったスナップショットテストが活きるでしょう。

bash

```
Snapshot: 登録フォームが表示される

expect(received).toMatchSnapshot()

Snapshot name: `Snapshot: 登録フォームが表示される 1`

- Snapshot  - 0
+ Received  + 3

@@ -77,7 +77,10 @@
          <button>
            注文内容の確認へ進む
          </button>
        </div>
      </form>
+     <p>
+       登録しました
+     </p>
    </div>
  </div>

  67 |   const submitValues = await fillValuesAndSubmit();
  68 |   expect(mockFn).toHaveBeenCalledWith(expect.objectContaining
(submitValues));
> 69 |   expect(container).toMatchSnapshot();
     |                     ^
  70 | });
```

Testing Libraryの「誰でもアクセスできるクエリー」として筆頭に挙がっているgetBy Roleは、HTML要素の「ロール」を参照します。「ロール」はWeb技術標準化を定めているW3Cの「WAI-ARIA」仕様に含まれる属性の1つです。

WAI-ARIAはマークアップだけでは不足している情報を補助したり、意図した通りの意味を伝えることが期待できます。WAI-ARIA由来のテストコードを書くことで、スクリーンリーダーなどの支援技術を使用しているユーザーにも、期待通りにコンテンツが届いているかどうかを検証することができます。

● 暗黙のロール

いくつかのHTML要素は、はじめからロールを持っているものがあります。例えばbutton要素はbuttonロールを持ちます。そのため、次のように明示的にロールを与える必要はありません。このように、初期値として保持しているロールを「暗黙のロール」と呼びます。

```HTML
<!-- 暗黙のbuttonロールを持っている -->
<button>送信</button>
<!-- role属性は不要 -->
<button role="button">送信</button>
```

何かしらの理由があってbutton要素以外をボタンとして扱いたい場合「role属性」を明示的に与えて、支援技術にボタンであることを伝えます（本来であればbutton要素でマークアップされることが望ましいです）。

```HTML
<!-- 任意のrole属性の付与 -->
<div role="button">送信</div>
```

望ましいマークアップでUIコンポーネントが実装されている場合、暗黙のロールを参照するクエリーでテストコードが書けます。W3C仕様書だけでなく、MDNにもHTML要素が持つ「暗黙のARIAロール」が明記されているので、必要に応じて参照するようにしましょう。

●ロールと要素は一対一ではない

要素が持つ「暗黙のロール」は、要素と一対一ではありません。暗黙のロールは、要素に与える属性に応じて変化します。代表的な例として、input要素があります。type属性の指定に応じて暗黙のロールが変化するだけでなく、type属性名称がロール名称に一致するとは限りません。

```html
<!-- role="textbox" -->
<input type="text" />
<!-- role="checkbox" -->
<input type="checbox" />
<!-- role="radio" -->
<input type="radio" />
<!-- role="spinbutton" -->
<input type="number" />
```

●aria属性値を使った絞り込み

h1〜h6要素は暗黙のロールとして、headingロールを持ちます。つまり、テスト対象にh1とh2が含まれていた場合、headingロールが複数含まれていることになります。そのため、screen.getByRole("heading") で要素を取得しようとした場合、失敗します（screen.getAllByRole("heading") は成功する）。

```html
<!-- 明示的なrole属性の付与はNG -->
<h1 role="heading">見出し1</h1>
<h2 role="heading">見出し2</h2>
<h3 role="heading">見出し3</h3>
<!-- 暗黙的にheadingロールを持っている -->
<h1>見出し1</h1>
<h2>見出し2</h2>
<h3>見出し3</h3>
```

もしこのようなケースでh1要素を特定したい場合、見出しレベルを指定するlevelオプションが活用できます。Testing Libraryでは1と2の要素はどちらもgetByRole("heading", { level: 1 }) というクエリーで特定できます。

```TypeScirpt
getByRole("heading", { level: 1 });
// ① <h1>見出し1</h1>
// ② <div role="heading" aria-level="1">見出し1</div>
```

● アクセシブルネームを使った絞り込み

アクセシブルネームとは、支援技術が認識するノードの名称です。スクリーンリーダーではコントロールの機能を端的に説明するために、アクセシブルネームを読み上げます。

例えば、ボタンに「送信」という文字が書かれていれば、それが「送信」ボタンとして読み上げられます。しかし、ボタンに文字がなくアイコンだけで表現されていた場合、どういった機能を提供するボタンなのか、スクリーンリーダー利用者には伝わりません。

そこでアイコン画像に「alt属性」を付与することで「送信」ボタンとして読み上げられます。次の①と②の要素はどちらも「送信」というアクセシブルネームが算出される例であり、nameオプションはアクセシブルネームのことを指します。

```TypeScirpt
getByRole("button", { name: "送信" });
// ① <button>送信</button>
// ② <button><img alt="送信" src="path/to/img.png" /></button>
```

アクセシブルネームの決定は様々な要因が絡み、「Accessible Name and Description Computation 1.2」※5-8 という仕様にもとづき算出されます。不慣れなうちはデバッグツールを活用しながら、どのようなアクセシブルネームが算出されているかを確認するのがよいでしょう。

● ロールとアクセシブルネームの確認

ロールとアクセシブルネームがどのように構成されているのか確認する方法はいくつかあります。1つはブラウザの開発者ツール／拡張機能を使って、UIコンポーネントのアクセシビリティツリーを確認する方法です。

もう1つはテストコード上で、レンダリング結果からロールとアクセシブルネームを確認する方法です。第5章3節で使用したサンプルを確認してみましょう（リスト5-56）。

※5-8　https://www.w3.org/TR/accname-1.2/

▶ リスト5-56　src/05/03/Form.tsx

TypeScirpt

```typescript
export const Form = ({ name, onSubmit }: Props) => {
  return (
    <form
      onSubmit={(event) => {
        event.preventDefault();
        onSubmit?.(event);
      }}
    >
      <h2>アカウント情報</h2>
      <p>{name}</p>
      <div>
        <button>編集する</button>
      </div>
    </form>
  );
};
```

render関数から得たcontainerを引数に、@testing-library/reactのlogRoles関数を実行します（リスト5-57）。

▶ リスト5-57　src/05/03/Form.test.tsx

TypeScirpt

```typescript
import { logRoles, render } from "@testing-library/react";
import { Form } from "./Form";

test("logRoles: レンダリング結果からロールとアクセシブルネームを確認", () => {
  const { container } = render(<Form name="taro" />);
  logRoles(container);
});
```

すると、取得できた要素が--------で区切られ、ログ出力されることが確認できます。heading:と出力されている箇所が「ロール」でName "アカウント情報":と出力されている箇所が「アクセシブルネーム」に相当します。

bash

```
heading:

Name "アカウント情報":
<h2 />
```

```
--------------------------------------------------
button:

Name "編集する":
<button />

--------------------------------------------------
```

　このデバッグ結果を活用して、アクセシビリティへの考慮を追加したり、テストコードへ反映させるとよいでしょう。
　WAI-ARIAやロールについてより詳しい情報は、以下の文献を参考にされることをおすすめします。

- Accessible Rich Internet Applications (WAI-ARIA) 1.2
  URL　https://www.w3.org/TR/wai-aria-1.2/

- WAI-ARIAロール
  URL　https://developer.mozilla.org/ja/docs/Web/Accessibility/ARIA/Roles

● 暗黙のロール対応表

　暗黙のロール対応表は次の通りです（表5-3）。支援技術だけでなくTesting Libraryも同様に暗黙のロールを解釈します。Testing Libraryは内部的に「aria-query」というライブラリを使用しており、暗黙のロール算出結果はaria-queryに依存します（jsdomはアクセシビリティツリーに関与していません）。

　URL　https://www.npmjs.com/package/aria-query

表5-3　暗黙のロール対応表

HTML要素	WAI-ARIA暗黙のロール	備考
`<article>`	article	
`<aside>`	complementary	
`<nav>`	navigation	
`<header>`	banner	
`<footer>`	contentinfo	
`<main>`	main	
`<section>`	region	`aria-labelledby` が指定された場合
`<form>`	form	アクセシブルネームを持つ場合に限る
`<button>`	button	
`<a href="xxxxx">`	link	`href`属性を持つ場合に限る
`<input type="checkbox">`	checkbox	
`<input type="radio">`	radio	
`<input type="button">`	button	
`<input type="text">`	textbox	
`<input type="password">`	なし	
`<input type="search">`	searchbox	
`<input type="email">`	textbox	
`<input type="url">`	textbox	
`<input type="tel">`	textbox	
`<input type="number">`	spinbutton	
`<input type="range">`	slider	
`<select>`	listbox	
`<optgroup>`	group	
`<option>`	option	
`<ul>`	list	
`<ol>`	list	
`<li>`	listitem	
`<table>`	table	
`<caption>`	caption	
`<th>`	columnheader/rowheader	列ヘッダーか行ヘッダーかによる
`<td>`	cell	
`<tr>`	row	
`<fieldset>`	group	
`<legend>`	なし	

第6章

カバレッジレポートの
読み方

6-1 カバレッジレポートの概要

　テスティングフレームワークには「テスト実行によって対象コードのどのくらいの範囲が実行されたか」を計測し、レポートを出力する機能が備わっているものがあります。このレポートを「**カバレッジレポート**」と呼び、カバレッジレポートの機能はJestにも標準で組み込まれています。

● カバレッジレポートを出力する

　次のように--coverageオプションを付与してテストを実行すると、カバレッジレポートを得ることができます[※6-1]。

```bash
$ npx jest --coverage
```

　コマンドラインに出力されるカバレッジレポートは次のようなものです。

```bash
----------------|---------|----------|---------|---------|-------------------
File            | % Stmts | % Branch | % Funcs | % Lines | Uncovered Line #s
----------------|---------|----------|---------|---------|-------------------
All files       |   69.23 |    33.33 |     100 |   69.23 |
 Articles.tsx   |   83.33 |    33.33 |     100 |   83.33 | 7
 greetByTime.ts |   57.14 |    33.33 |     100 |   57.14 | 5-8
----------------|---------|----------|---------|---------|-------------------

Test Suites: 2 passed, 2 total
Tests:       4 skipped, 2 passed, 6 total
Snapshots:   0 total
Time:        1.655 s
```

※6-1　npxとはnode package executorの略で、パッケージの実行ツールです。

140

● カバレッジレポートの構成

　Jestのカバレッジレポートは、次の表で構成されます（表6-1）。「Stmts, Branch, Funcs, Lines」の4つの網羅率は、テスト実行時に呼び出されたか否かをパーセンテージで表した数値です。

表6-1　レポートが示す網羅率の和訳

File	Stmts	Branch	Funcs	Lines	Uncovered Line
ファイル名称	命令網羅率	分岐網羅率	関数網羅率	行網羅率	網羅されていない行

● Stmts（命令網羅率）

　テスト対象ファイルに含まれる「全てのステートメント（命令）」が少なくとも1回実行されたか、を示す分数です。

● Branch（分岐網羅率）

　テスト対象ファイルに含まれる「全ての条件分岐」が少なくとも1回通過したか、を示す分数です。if文やcase文、三項演算子の分岐が対象になります。重要な網羅率水準であり、条件分岐に対しテストが書かれていないことを発見するのに役立ちます。

● Funcs（関数網羅率）

　テスト対象ファイルに含まれる「全ての関数」が少なくとも1回呼び出されたか、を示す分数です。プロジェクトで利用されていないが、exportされている関数を発見するのに役立ちます。

● Lines（行網羅率）

　テスト対象ファイルに含まれる「全ての行」を少なくとも1回通過したか、を示す分数です。

6-2 カバレッジレポートの読み方

第4章、第5章で紹介したサンプルコードを使って、カバレッジレポートの読み方を解説していきます。CLIのレポートだけでなく、Jestは標準でHTMLレポートを出力します。jest.configファイルに次の設定が記載されていれば、コマンドライン引数不要でレポートが出力されます（coverageDirectoryはレポートの出力先ディレクトリ名で、任意の名称をつけます）（リスト6-1）。

▶ リスト6-1　jest.config.ts

JavaScript

```javascript
export default {
  ───── 省略 ─────
  collectCoverage: true,
  coverageDirectory: "coverage",
};
```

テストを実行した後に、`open coverage/lcov-report/index.html`を実行すると※6-2、ブラウザが立ち上がり、次のようなレポート画面が表示されます（図6-1）。「Stmts, Branch, Funcs, Lines」のカバレッジ全体サマリー（上部）と、テストが実施された各ファイルカバレッジ（一覧）が表示されます。緑色のセルは十分テストが書かれていることを表し、黄色と赤色のセルはテストが不足していることを表します。

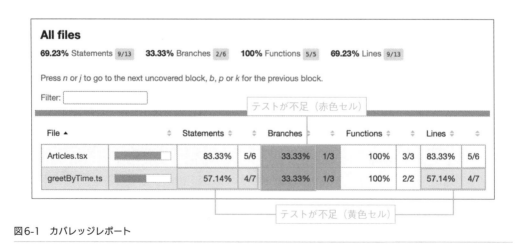

図6-1　カバレッジレポート

※ 6-2　Windowsをお使いの場合は、「open」のコマンドを「start」に置き換えて実行してください。

● 関数のテストカバレッジ

第4章7節で紹介した次の関数は、時間に応じて異なるメッセージを返却します（リスト6-2）。

▶ リスト6-2　src/06/greetByTime.ts

TypeScirpt

```typescript
export function greetByTime() {
  const hour = new Date().getHours();
  if (hour < 12) {
    return "おはよう";
  } else if (hour < 18) {
    return "こんにちは";
  }
  return "こんばんは";
}
```

この関数に対して書いたテストは次の通りです（リスト6-3）。testは、先頭にxをつけてxtestとすることで、そのテストを実行しない（スキップする）ことができます。①～③のテストをスキップしたとき、カバレッジレポートがどのように表示されるかを見ていきましょう。

▶ リスト6-3　src/06/greetByTime.test.ts

TypeScirpt

```typescript
import { greetByTime } from "./greetByTime";

describe("greetByTime(", () => {
  beforeEach(() => {
    jest.useFakeTimers();
  });
  afterEach(() => {
    jest.useRealTimers();
  });
  test("朝は「おはよう」を返す", () => {
    jest.setSystemTime(new Date(2023, 4, 24, 8, 0, 0));
    expect(greetByTime()).toBe("おはよう");
  });
  xtest("昼は「こんにちは」を返す", () => {
    jest.setSystemTime(new Date(2023, 4, 24, 14, 0, 0));
    expect(greetByTime()).toBe("こんにちは");
  });
  xtest("夜は「こんばんは」を返す", () => {
    jest.setSystemTime(new Date(2023, 4, 24, 21, 0, 0));
    expect(greetByTime()).toBe("こんばんは");
  });
});
```

② 「こんにちは」を返す検証

① 「おはよう」を返す検証

③ 「こんばんは」を返す検証

第6章　カバレッジレポートの読み方

それぞれスキップを付与して実行した、結果比較一覧は次の通りです（表6-2）。レポート詳細を表示すると、網羅されていない行が赤く塗りつぶされていることが確認できます。

表6-2　テストスキップ状況によるカバレッジ内訳

結果	カバレッジ内訳	レポート詳細
A：①②③を skip	• Stmts: 14.28 • Branch: 0 • Funcs: 0 • Lines: 14.28 • Uncovered Line: 2-8	```\n1 3x export function greetByTime() {\n2 const hour = new Date().getHours();\n3 if (hour < 12) {\n4 return "おはよう";\n5 } else if (hour < 18) {\n6 return "こんにちは";\n7 }\n8 return "こんばんは";\n9 }\n10\n```
B：②③を skip	• Stmts: 57.14 • Branch: 33.33 • Funcs: 100 • Lines: 57.14 • Uncovered Line: 5-8	```\n1 4x export function greetByTime() {\n2 1x const hour = new Date().getHours();\n3 1x if (hour < 12) {\n4 1x return "おはよう";\n5 } else if (hour < 18) {\n6 return "こんにちは";\n7 }\n8 return "こんばんは";\n9 }\n10\n```
C：③を skip	• Stmts: 85.71 • Branch: 100 • Funcs: 100 • Lines: 85.71 • Uncovered Line: 8	```\n1 5x export function greetByTime() {\n2 2x const hour = new Date().getHours();\n3 2x if (hour < 12) {\n4 1x return "おはよう";\n5 1x } else if (hour < 18) {\n6 1x return "こんにちは";\n7 }\n8 return "こんばんは";\n9 }\n10\n```
D：どれも skip しない	• Stmts: 100 • Branch: 100 • Funcs: 100 • Lines: 100 • Uncovered Line: -	```\n1 6x export function greetByTime() {\n2 3x const hour = new Date().getHours();\n3 3x if (hour < 12) {\n4 1x return "おはよう";\n5 2x } else if (hour < 18) {\n6 1x return "こんにちは";\n7 }\n8 1x return "こんばんは";\n9 }\n10\n```

「結果A」のFuncsは0%になっています。対象ファイルにはgreetByTime関数が1つだけ定義されていて、一度もgreetByTime関数が実行されていないことを示します。「結果B」のBranchは、33.33%になっており、分岐網羅が十分でない様子がわかります。Uncovered Lineが示すのは、5～8行目をテストが通過していないという意味です。「結果C」のStmtsは、85.71%になっており、呼び出されていないステートメントがある様子がわかります。「結果D」の行番号隣の数字を見ると「6x」と表示されています。これは該当行がテストで通過した回数を表し、他の結果と比較すると多くのテストが実行されたことがわかります。

このように、実装内部の一行一行に対し「テストが通過しているか?」という状況が確認できます。カバレッジを上げるためのコツは「呼び出しを通過しているか」と「分岐を通過しているか」の2点を意識してテストを書くことです。実装内部構造を把握し、論理的に書く「ホワイトボックステスト」にカバレッジレポートは欠かせません。

●UIコンポーネントのテストカバレッジ

UIコンポーネントのカバレッジを見ていきましょう（リスト6-4）。JSXも関数であるため、ステートメントと分岐に対してカバレッジが計測されます。

▶ リスト6-4　src/06/Articles.tsx

TypeScirpt

```typescript
type Props = {
  items: { id: number; title: string }[];
  isLoading?: boolean;
};
export const Articles = ({ items, isLoading }: Props) => {
  if (isLoading) {
    return <p>...loading</p>;
  }
  return (
    <div>
      <h2>記事一覧</h2>
      {items.length ? (
        <ul>
          {items.map((item) => (
            <li key={item.id}>
              <a href={`/articles/${item.id}`}>{item.title}</a>
            </li>
          ))}
        </ul>
      ) : (
        <p>投稿記事がありません</p>
      )}
    </div>
```

```
    );
};
```

試しに、テストを1つ書いてみます（リスト6-5）。表示データが存在する状態のテストです。

▶ リスト6-5　src/06/Articles.test.tsx

```TypeScript
import { render, screen } from "@testing-library/react";
import { Articles } from "./Articles";

test("一覧要素がある場合、一覧が表示される", () => {
  const items = [
    { id: 1, title: "Testing Next.js" },
    { id: 2, title: "Storybook play function" },
    { id: 3, title: "Visual Regression Testing " },
  ];
  render(<Articles items={items} isLoading={false} />);
  expect(screen.getByRole("list")).toBeInTheDocument();
});
```

カバレッジレポートを確認すると、通過していない分岐の行がハイライトされていることが確認できます（図6-2）。「読み込み中の場合」「一覧要素が空の場合」のテストが不足していることがわかります。

```
 1  4x   type Props = {
 2          items: { id: number; title: string }[];
 3          isLoading?: boolean;
 4        };
 5  1x   export const Articles = ({ items, isLoading }: Props) => {
 6  1x     I if (isLoading) {
 7            return <p>...loading</p>;
 8          }
 9  1x     return (
10          <div>
11            <h2>記事一覧</h2>
12            {items.length ? (
13              <ul>
14                {items.map((item) => (
15  3x              <li key={item.id}>
16                    <a href={`/articles/${item.id}`}>{item.title}</a>
17                  </li>
18                ))}
19              </ul>
20            ) : (
21              <p>投稿記事がありません</p>
22            )}
23          </div>
24        );
25      };
26
```

図6-2　通過していない行

テスト不足が判明したので、それぞれの行を通過するようにテストを追加で書きます（リスト6-6）。

▶ リスト6-6　src/06/Articles.test.tsx

```TypeScirpt
import { render, screen } from "@testing-library/react";
import { Articles } from "./Articles";

test("読み込み中の場合「..loading」が表示される", () => {
  render(<Articles items={[]} isLoading={true} />);
  expect(screen.getByText("...loading")).toBeInTheDocument();
});

test("一覧要素が空の場合「投稿記事がありません」が表示される", () => {
  render(<Articles items={[]} isLoading={false} />);
  expect(screen.getByText("投稿記事がありません")).toBeInTheDocument();
});

test("一覧要素がある場合、一覧が表示される", () => {
  const items = [
    { id: 1, title: "Testing Next.js" },
    { id: 2, title: "Storybook play function" },
    { id: 3, title: "Visual Regression Testing " },
  ];
  render(<Articles items={items} isLoading={false} />);
  expect(screen.getByRole("list")).toBeInTheDocument();
});
```

カバレッジは定量指標となるため、プロジェクトによっては満たすべき品質基準として据えられることもあります。「分岐網羅率が80%以上でなければ、CIはパスしない」といったパイプラインを組むこともできるでしょう。注意しなければいけないのは、数値が高いからといって品質の高いテストであるとは限らないということです。テスト実行時に通過したかどうかの判定にとどまるため、バグがないことを証明するものではありません。

しかし、カバレッジが低いファイルはテストが不足している証拠になるので、テストを追加で書くべきかの検討材料として活用できます。また、ESLintを通過してしまったデッドコードの発見器としても有用です。「リリース前に、テストを漏れなく拡充したい」というシーンで、カバレッジレポートを確認することをおすすめします。

6-3 カスタムレポーター

テストの実行結果は、様々なレポーターを通して確認することができます。jest.config に好みのレポーターを追加して、テスト環境を充実させてみましょう（リスト6-7）。

▶ リスト6-7 jest.config.ts

JavaScript

```javascript
export default {
  ～～～～～ 省略 ～～～～～
  reporters: ["default"],
};
```

● jest-html-reporters

jest-html-reportersは、テストの実行結果をグラフで表示します（図6-3）。時間がかかっているテストを調査したり、ソートする機能が便利です。

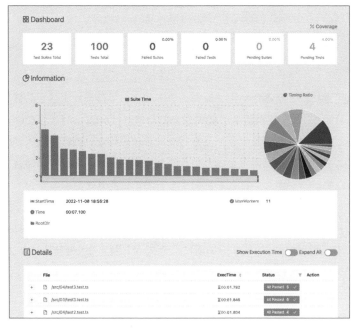

図6-3　jest-html-reportersのインデックス画面

失敗したテストは、一覧の「Info」ボタンを押下することで、詳細情報を確認することができます（図6-4）。

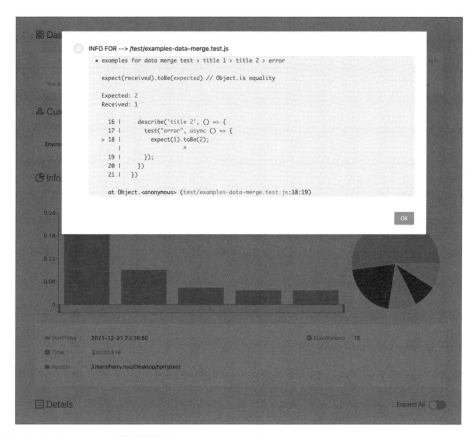

図6-4　jest-html-reportersの詳細情報画面

● その他のレポーター

　結果分析に向いたjest-html-reportersのようなもの以外にも、GitHubでテストが失敗した箇所にコメントをつけてくれるレポーターもあります[6-3]。コミュニティが公開しているレポーターを色々試してみて、チームにあったテスト環境を整えていきましょう。

6-3　https://github.com/jest-community/awesome-jest/blob/main/README.md#reporters

■ 第 7 章 ▶

Web アプリケーション 結合テスト

7-1 Next.jsアプリケーション開発と結合テスト

　本章から終盤まで、Next.jsで作成されたWebアプリケーションを対象に解説を進めます。読み進めるにあたり、まずは次のURLからサンプルリポジトリのコードをクローンしてください。Jestによる単体／結合テスト、Storybook、ビジュアルリグレッションテスト、E2Eテストが含まれたサンプルコードとなっており、実践に近いテストコードをコミットしています。

URL　https://github.com/frontend-testing-book/nextjs

　Next.jsで実装したアプリケーションにはなりますが、テスティングフレームワークは、フロントエンドフレームワークによって大きな違いはありません。また、Next.js特有の解説もありますが、インタラクションテストの書き方やテクニックに関しては、フロントエンドフレームワークを問わずに活用できるものです。Next.jsやReactに不慣れな方も、ぜひ読み進めてみてください。

● アプリケーション概要

　このWebアプリケーションは「技術記事投稿／共有サービス」を想定して実装した、架空のアプリケーションです（図7-1）。ユーザーはログインして、技術記事の投稿と編集ができます。本章でははじめに、このWebアプリケーションで使用するUIコンポーネントの結合テストについて解説します。このアプリケーションの全体像がどういったものであるか、どのように起動するかについては、第10章で解説しています。気になる方はそちらから読み進めても構いません。

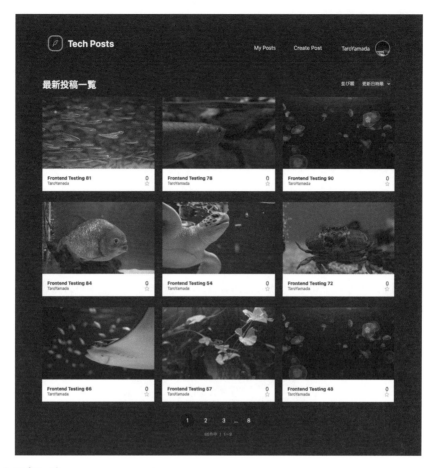

図7-1　トップページ

● 単体テスト／結合テストを実行する

　リポジトリをクローンしたら、このプロジェクトにコミットされている単体テストと結合テストを実行してみましょう。前章で紹介したカスタムレポーターも導入しているため、どういったテストコードがコミットされているか確認できます。

`bash`

```bash
$ npm i
$ npm test
$ open __reports__/jest.html ※7-1
```

⁑ 7-1　Windowsをお使いの場合は、「open」のコマンドを「start」に置き換えて実行してください。

7-2 React Contextの結合テスト

本節では、複数画面で横断的に使用するような、Global UIの結合テスト手法について解説します。

サンプルコード src/components/providers/ToastProvider/index.test.tsx

● テスト対象の概要

本節のテスト対象は、ユーザーにアプリケーションの応答結果を通知する<Toast>コンポーネントです（図7-2）。この<Toast>コンポーネントは、どこからでも呼び出せるGlobal UIです。UIのテーマやGlobal UIを扱うためには、一元管理された値や更新関数にアクセスする必要があり、Propsだけでは実装に不便なことがあります。

図7-2　Toastコンポーネント

React標準APIである「Context API」は、こういったシーンで活用できるAPIです。Propsによる明示的な値渡しが不要になるため、子孫コンポーネントからルートコンポーネントが保持する「値と更新関数」に直接アクセスできます。

はじめに、このContext APIの概要を簡単に紹介します。<Toast>コンポーネントの表示を司る状態は以下の通りです（リスト7-1）。この状態を更新することで<Toast>の表示／非表示を切り替えたり、メッセージ内容と見た目を書き換えられます。

▶ リスト7-1　src/components/providers/ToastProvider/ToastContext.tsx

TypeScirpt

```
export const initialState: ToastState = {
  isShown: false,      ← Toastが表示されているかの判定フラグ
  message: "",         ← Toastに表示する文字
  style: "succeed",    ← Toastの見た目
};
```

この状態をもとに、createContextAPIでContextオブジェクトを作成します（リスト7-2）。状態を保持するToastStateContextのほか、状態更新関数を保持するToastActionContextも一緒に作成します。

▶ リスト7-2　src/components/providers/ToastProvider/ToastContext.tsx

TypeScirpt

```typescript
import { createContext } from "react";
export const ToastStateContext = createContext(initialState);     // 状態を保持するContext
export const ToastActionContext = createContext(initialAction);   // 状態更新関数を保持するContext
```

ルートコンポーネントとして実装された<ToastProvider>コンポーネントを見てみましょう（リスト7-3）。Contextオブジェクトに付属しているProviderというコンポーネントを、それぞれレンダリングしているのがわかります。このように実装することで、子孫コンポーネントはルートコンポーネントの状態と更新関数を扱えるようになります。isShownがtrueとなったとき、画面に<Toast>コンポーネントが表示され、一定時間が経過するとisShownがfalseに切り替わる実装となっています。

▶ リスト7-3　src/components/providers/ToastProvider/index.tsx

TypeScirpt

```typescript
export const ToastProvider = ({
  children,
  defaultState,                           // 初期値を注入できるように作り込んでおく
}: {
  children: ReactNode;
  defaultState?: Partial<ToastState>;
}) => {
  const { isShown, message, style, showToast, hideToast } =     // Providerの初期値として defaultState を渡す
    useToastProvider(defaultState);
  return (
    {/* 子孫コンポーネントは状態 { isShown, message, style } が参照できる */}
    <ToastStateContext.Provider value={{ isShown, message, style }}>
      {/* 子孫コンポーネントは更新関数 { showToast, hideToast } が参照できる */}
      <ToastActionContext.Provider value={{ showToast, hideToast }}>
        {children}
        {/* isShownがtrueになったとき、表示される */}
        {isShown && <Toast message={message} style={style} />}
      </ToastActionContext.Provider>
    </ToastStateContext.Provider>
  );
};
```

子孫コンポーネントでの使用例は次の通りです（リスト7-4）。onSubmit関数の中でWeb APIを呼び出したとき、成功した場合には「保存しました」、失敗した場合には「エラーが発生しました」というメッセージを画面に表示します。showToast関数経由でルートコンポーネントが保持する状態を更新しており、messageとstyleを指定しています。

▶ リスト7-4　子孫コンポーネントでの使用例

`TypeScirpt`

```TypeScript
const { showToast } = useToastAction();
const onSubmit = handleSubmit(async () => {
  try {
    // ...Web APIで値を送信
    showToast({ message: "保存しました", style: "succeed" });
  } catch (err) {
    showToast({ message: "エラーが発生しました", style: "failed" });
  }
});
```

本節は、このGlobal UIをテスト対象とした解説をします。テスト観点は次の通りです。

- Providerが保持する状態に応じて表示が切り替わること
- Providerが保持する更新関数を経由し、状態を更新できること

Contextテストの書き方は2通りあるので、それぞれ解説していきます。

● 方法1.テスト用のコンポーネントを用意し、インタラクションを実行する

先に示した通り、useToastActionというカスタムフックを使用すると、末端コンポーネントから、<Toast>コンポーネントを表示できます。そこで、テストでしか使用しない「テスト用コンポーネント」を用意し、実際の実装に近い状態を再現します（リスト7-5）。何らかの方法でshowToastを実行できればよいため、ボタン押下で表示するものとします。

▶ リスト7-5　src/components/providers/ToastProvider/index.test.tsx

`TypeScirpt`

```TypeScript
const TestComponent = ({ message }: { message: string }) => {
  const { showToast } = useToastAction(); // ← <Toast>を表示するためのフック
  return <button onClick={() => showToast({ message })}>show</button>;
};
```

テストのレンダリング関数にはルートコンポーネントである<ToastProvider>と、その子コンポーネントとして<TestComponent>をレンダリングします（リスト7-6）。await user.clickでボタンをクリックすると、表示されていなかったalertロールの要素（<Toast>コンポーネント）が、メッセージ込みで表示されていることがテストできました。

▶ リスト7-6　src/components/providers/ToastProvider/index.test.tsx

```
test("showToastを呼び出すとToastコンポーネントが表示される", async () => {
  const message = "test";
  render(
    <ToastProvider>
      <TestComponent message={message} />
    </ToastProvider>
  );
  expect(screen.queryByRole("alert")).not.toBeInTheDocument();
  await user.click(screen.getByRole("button"));
  expect(screen.getByRole("alert")).toHaveTextContent(message);
});
```

はじめは表示されていない

表示されていることを確認

● 方法2. 初期値を注入し、表示確認をする

<ToastProvider>はProps経由で初期値にdefaultStateが設定できるように実装されています。表示確認をするだけであれば、このdefaultStateを与えれば検証できます（リスト7-7）。

▶ リスト7-7　src/components/providers/ToastProvider/index.test.tsx

```
test("Succeed", () => {
  const state: ToastState = {
    isShown: true,
    message: "成功しました",
    style: "succeed",
  };
  render(<ToastProvider defaultState={state}>{null}</ToastProvider>);
  expect(screen.getByRole("alert")).toHaveTextContent(state.message);
});

test("Failed", () => {
  const state: ToastState = {
    isShown: true,
    message: "失敗しました",
    style: "failed",
```

```
  };
  render(<ToastProvider defaultState={state}>{null}</ToastProvider>);
  expect(screen.getByRole("alert")).toHaveTextContent(state.message);
});
```

　本節で紹介したGlobal UIは、大きく4つのモジュールで構成されます。それぞれの責務を
おさらいしましょう。

- <Toast>コンポーネント：Viewを提供する
- <ToastProvider>コンポーネント：表示のための状態を保持する
- useToastProviderフック：表示ロジックを管理する
- useToastActionフック：子孫コンポーネントから呼び出す

　これらのモジュールが正しく連携することで「"成功しました"」というToast表示機能が提
供されます。結合テストの観点は、この「連携」に着目することです。「方法1」のテストは
カスタムフック（useToastAction）も含んでいるため、より広範囲の結合テストといえます。

7-3 Next.js Routerの表示結合テスト

　本節では、Next.jsのRouter（ページ遷移とURLを司る機能）と関連するUIコンポーネン
トの結合テスト手法について解説します。

サンプルコード　src/components/layouts/BasicLayout/Header/Nav/index.tsx

● テスト対象の概要

　本節のテスト対象は「ヘッダーナビゲーション」UIコンポーネントです（図7-3）。この
ヘッダーナビゲーションは一般的なWebサイトと同じように、ページのURLに応じてナビ
ゲーションメニューに現在地を示す装飾が施されます。次の条件に適合すると、メニュー下部
にオレンジ色のラインが施されます（リスト7-8）。

- My Posts：ログインユーザーの記事一覧、記事詳細
- Create Post：新規記事作成画面

図7-3 Navコンポーネント

▶ リスト7-8　src/components/layouts/BasicLayout/Header/Nav/index.tsx

TypeScirpt

```tsx
export const Nav = ({ onCloseMenu }: Props) => {
  const { pathname } = useRouter();
  return (
    <nav aria-label="ナビゲーション" className={styles.nav}>
      <button
        aria-label="メニューを閉じる"
        className={styles.closeMenu}
        onClick={onCloseMenu}
      ></button>
      <ul className={styles.list}>
        <li>
          <Link href={`/my/posts`} legacyBehavior>
            <a
              {...isCurrent(
                pathname.startsWith("/my/posts") &&
                  pathname !== "/my/posts/create"
              )}
            >
              My Posts
            </a>
          </Link>
        </li>
        <li>
          <Link href={`/my/posts/create`} legacyBehavior>
            <a {...isCurrent(pathname === "/my/posts/create")}>Create Post</a>
          </Link>
        </li>
      </ul>
    </nav>
  );
};
```

第7章　Webアプリケーション結合テスト

<Link>コンポーネントやuseRouterフックは内部的にRouterを使用しており、現在表示しているURL詳細を参照したり、画面遷移イベントを発火させることができます。

● UIコンポーネントの実装について

　テスト対象のUIコンポーネントがどのように実装されているか見ていきましょう。<Link>コンポーネントは、次のようなマークアップが出力されます。ここではaria-current属性を使用し、スタイリングを施しています。

```HTML
<a aria-current="page">Create Post</a>
```

```CSS
.list a[aria-current="page"] {
  border-color: var(--orange);
}
```

　このマークアップ出力のためにisCurrentという関数を使用しています。現在地装飾を施すページであると判定された場合、aria-current="page"が出力されます。

```TypeScirpt
<Link href={`/my/posts/create`} legacyBehavior>
  <a {...isCurrent(pathname === "/my/posts/create")}>Create Post</a>
</Link>
```

　Next.jsのuseRouterフックを使用することで、UIコンポーネント単位でNext.jsのRouter機能にアクセスすることができます。const { pathname } = useRouter()で参照しているpathnameが、現在URLを示します。

● next-router-mockのインストール

　Next.jsのRouterに関連するテストを書くには、モックを使用する必要があります。コミュニティにより開発されたnext-router-mock※7-2は、JestでNext.jsのRouterに関するテストを実施できるようにするモックライブラリです。<Link>コンポーネントによるRouterの変化や、useRouterによるURL参照やURL変更の結合テストをjsdom上でも可能にします。

※7-2　https://www.npmjs.com/package/next-router-mock

```bash
$ npm install --save-dev next-router-mock
```

● RouterとUIコンポーネントの結合テスト

next-router-mockを使用し、テストを書いていきます（リスト7-9）。mockRouter.
setCurrentUrlを実行することで、対象テストの現在のURLを再現できます。

▶ リスト7-9　src/components/layouts/BasicLayout/Header/Nav/index.test.tsx

```typescript
test("「My Posts」がカレント状態になっている", () => {
  mockRouter.setCurrentUrl("/my/posts");   ← 現在URLが"/my/posts"であると仮定する
});
```

この状態で、テスト対象の<Nav>コンポーネントをレンダリングします（リスト7-10）。
URLを再現したテストにおいて、意図通りに現在地を示す状態が適用されているか（aria-
current属性が指定されているか）をテストします。

▶ リスト7-10　src/components/layouts/BasicLayout/Header/Nav/index.test.tsx

```typescript
import mockRouter from "next-router-mock";

test("「My Posts」がカレント状態になっている", () => {
  mockRouter.setCurrentUrl("/my/posts");
  render(<Nav onCloseMenu={() => {}} />);
  const link = screen.getByRole("link", { name: "My Posts" });
  expect(link).toHaveAttribute("aria-current", "page");   ← aria-current属性が指定されていることをアサート
});

test("「Create Post」がカレント状態になっている", () => {
  mockRouter.setCurrentUrl("/my/posts/create");
  render(<Nav onCloseMenu={() => {}} />);
  const link = screen.getByRole("link", { name: "Create Post" });
  expect(link).toHaveAttribute("aria-current", "page");   ← aria-current属性が指定されていることをアサート
});
```

第7章　Webアプリケーション結合テスト

161

● test.eachの活用

　同じテストをパラメーターだけ変更して反復したいとき、`test.each`が便利です。`test.each`の引数に配列を与え、以下のように記述することができます（リスト7-11）。

▶ リスト7-11　src/components/layouts/BasicLayout/Header/Nav/index.test.tsx

```typescript
test.each([
  { url: "/my/posts", name: "My Posts" },
  { url: "/my/posts/123", name: "My Posts" },
  { url: "/my/posts/create", name: "Create Post" },
])("$url では $name がカレントになっている", ({ url, name }) => {
  mockRouter.setCurrentUrl(url);
  render(<Nav onCloseMenu={() => {}} />);
  const link = screen.getByRole("link", { name });
  expect(link).toHaveAttribute("aria-current", "page");
});
```

　解説したように、モックライブラリを使用することで、Next.jsのRouterに関連する結合テストが書けるようになります。なお、Next.js 13で新しく搭載されたappディレクトリは、Routerの仕組みが大きく変更されています。

　本節で紹介しているRouterのテスト及びサンプルコードは、Next.js 12以前のpagesディレクトリを対象にしています。Next.js 13以降も、従来のpagesディレクトリは互換性が保たれるものと思いますが、状況によっては非推奨になるかもしれません。新しいappディレクトリにおけるRouterのテストなどは、サンプルコードリポジトリのcanaryブランチで随時更新しますので、最新の情報についてはそちらをご参照ください。

7-4　Next.js Router の操作結合テスト

　前節に続き、Next.jsのRouterと関連するUIコンポーネントの結合テスト手法について解説します。本節では「操作」を与えることによって起こる影響についてテストします。

サンプルコード　src/components/templates/MyPosts/Posts/Header/index.tsx

● テスト対象の概要

　本節のテスト対象は「投稿記事一覧ヘッダー」UIコンポーネントです（図7-4）。ログイン
ユーザーが保持する記事は「下書き」状態の記事と「公開」状態の記事があります。一覧では
初期設定として、全ての記事一覧を表示します。この一覧は、URLパラメーターに応じて、
一覧内容が変化します。

- URLパラメーターなし：全ての記事
- ?status=all：全ての記事
- ?status=public：「公開」記事のみ
- ?status=private：「下書き」記事のみ

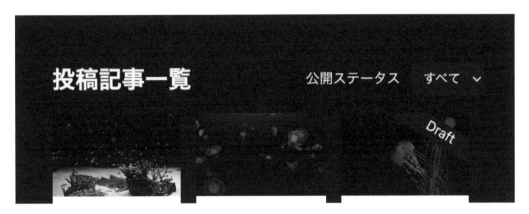

図7-4　Headerコンポーネント

　セレクトボックスを操作することによってNext.js Routerを操作し、URLパラメーターを書
き換えることが、このUIコンポーネントの責務です。それでは実装内容を見ていきましょう
（リスト7-12）。まず、用意したoptions配列をセレクトボックス要素一覧の内容として与え
ます（１）。セレクトボックスは値が選択されたとき、URLパラメーターを書き換えます
（２）。パラメーターつきURLに直アクセスされる場合もあるので、URLパラメーターと一致
する値が選択されている必要があります。３はその初期値が選択されるように指定してい
ます。

第7章　Webアプリケーション結合テスト

163

TypeScirpt

```tsx
const options = [
  { value: "all", label: "すべて" },
  { value: "public", label: "公開" },
  { value: "private", label: "下書き" },
];
export const Header = () => {
  const { query, push } = useRouter();
  const defaultValue = parseAsNonEmptyString(query.status) || "all";
  return (
    <header className={styles.header}>
      <h2 className={styles.heading}>投稿記事一覧</h2>
      <SelectFilterOption
        title="公開ステータス"
        options={options}          // ①セレクトボックス要素一覧の内容
        selectProps={{
          defaultValue,            // ③初期選択されている値
          onChange: (event) => {
            const status = event.target.value;
            push({ query: { ...query, status } });   // ②選択された要素のvalueに書き換え
          },
        }}
      />
    </header>
  );
};
```

● 初期表示のテスト

　UIコンポーネント結合テストの便利なテクニックとして、セットアップ関数を紹介します。このUIコンポーネントのテストは、Routerが関連しています。URLを検証するにあたり、next-router-mockを使用するのは前節と同様です。「URLの再現、レンダリング、要素の特定」という処理は、全てのテストで必要です。そこで、次のようにセットアップを1つの関数にまとめることで、各テストの準備が簡単に行えます（リスト7-13）。

▶ リスト7-13　src/components/templates/MyPosts/Posts/Header/index.test.tsx

TypeScirpt

```typescript
import { render, screen } from "@testing-library/react";
import mockRouter from "next-router-mock";

function setup(url = "/my/posts?page=1") {
  mockRouter.setCurrentUrl(url);
  render(<Header />);
  const combobox = screen.getByRole("combobox", { name: "公開ステータス" });
  return { combobox };
}
```

　このセットアップ関数を使用すると次のようにテストを書くことができます（リスト7-14）。/my/posts?status=publicなどのURLパラメーターが付与された状態で、セレクトボックスの初期値が確かに設定されていることが確認できました。

▶ リスト7-14　src/components/templates/MyPosts/Posts/Header/index.test.tsx

TypeScirpt

```typescript
test("デフォルトでは「すべて」が選択されている", async () => {
  const { combobox } = setup();
  expect(combobox).toHaveDisplayValue("すべて");
});

test("status?=publicのアクセス場合「公開」が選択されている", async () => {
  const { combobox } = setup("/my/posts?status=public");
  expect(combobox).toHaveDisplayValue("公開");
});

test("staus?=privateのアクセス場合「下書き」が選択されている", async () => {
  const { combobox } = setup("/my/posts?status=private");
  expect(combobox).toHaveDisplayValue("下書き");
});
```

● インタラクションテスト

　インタラクションテストのために、セットアップ関数にインタラクション関数を追加してみましょう（リスト7-15）。追加したのはselectOptionというインタラクション関数です。これはuser.selectOptionsでセレクトボックス（combobox）から、任意の項目を選択する関数です。

▶ リスト7-15　src/components/templates/MyPosts/Posts/Header/index.test.tsx

`TypeScirpt`

```typescript
import { render, screen } from "@testing-library/react";
import userEvent from "@testing-library/user-event";
import mockRouter from "next-router-mock";

const user = userEvent.setup();

function setup(url = "/my/posts?page=1") {
  mockRouter.setCurrentUrl(url);
  render(<Header />);
  const combobox = screen.getByRole("combobox", { name: "公開ステータス" });
  async function selectOption(label: string) {      ←──┐ セレクトボックスから要素を
    await user.selectOptions(combobox, label);            選択するインタラクション
  }
  return { combobox, selectOption };
}
```

　このインタラクション関数を使うことでselectOption("公開")やselectOption("下書き")のように、UIコンポーネントの操作が直感的に理解できるテストコードとなっています（リスト7-16）。

▶ リスト7-16　src/components/templates/MyPosts/Posts/Header/index.test.tsx

`TypeScirpt`

```typescript
test("公開ステータスを変更すると、statusが変わる", async () => {
  const { selectOption } = setup();
  expect(mockRouter).toMatchObject({ query: { page: "1" } });
  await selectOption("公開");       ←──┐ 「公開」を選択すると
  expect(mockRouter).toMatchObject({      ?status=publicになる
    query: { page: "1", status: "public" },   ←──┐ すでにあるpage=1が消えて
  });                                               いないこともあわせて検証
  await selectOption("下書き");     ←──┐
  expect(mockRouter).toMatchObject({      「下書き」を選択すると
    query: { page: "1", status: "private" },   ?status=privateになる
  });
});
```

　このテストでは、ページ番号に相当する?pageのURLパラメーターを喪失せずに?statusが書き換えられていることもあわせて検証されています。

166

本節では、UIコンポーネントを操作することで起こるURLパラメーターの変化について結合テストを書きました。「URLパラメーターの変化が一覧に影響を及ぼすこと」というテストでも構いませんが、今回のように狭い範囲の検証をテスト観点とすることで、UIコンポーネントの責務も、付随するテストコードも、目的が明確になります。

　紹介したセットアップ関数のテクニックは、Testing Libraryの作者であるKent C. Dodds氏のブログで解説されているテクニックです。UIコンポーネントのテストは、似たようなパターンの事前準備にとどまらず、似たようなインタラクションが必要になることが多いです。テストに向けた「事前準備、レンダリング」だけでなく、操作対象を関数で抽象化することにより、可読性の高いテストコードを書くことができます。

- Avoid Nesting when you're Testing

  URL　https://kentcdodds.com/blog/avoid-nesting-when-youre-testing#apply-aha-avoid-hasty-abstractions

7-5 Formを扱いやすくする React Hook Form

　Webアプリケーションにとって、フォーム実装はなくてはならないものです。Reactでフォーム実装を行う際に便利なOSSは数多く存在しますが、本章で解説しているサンプルではReact Hook Formを採用しています。React Hook Formを使ったことのない方のために、本節ではテストの話題から少し離れて、React Hook Formについて簡単に紹介します。

　Formは送信するにあたり、保持された入力内容を参照します。実装時にまず決めなければいけないのは「どこで保持した入力内容を参照するのか」ということです。ReactではFormから入力内容を参照する方法に「制御コンポーネント」と「非制御コンポーネント」があります。これはFormの実装というよりも<input>要素などの入力要素の実装方法です。まずReactコーディングの基礎知識として「制御コンポーネント」と「非制御コンポーネント」について解説します。

● 制御コンポーネント

useStateなどを使用し、コンポーネント単位で状態管理が行われているコンポーネントを「制御コンポーネント」と呼びます。状態管理している値を必要なタイミングでWeb APIに送信するアプローチは、制御コンポーネントを使用したフォームの特徴です。

次の例は、検索ボックスの実装例です（リスト7-17）。まず①で、入力要素の値を保持します。空文字列が与えられているのは初期値であり、この値が②に適用されます。③のonChangeイベントハンドラー関数内部でsetValueを行っているのは、<input>要素がonChangeイベントで受け取った入力内容を①のvalueとして更新するためです。①に入力された内容が②の内容として更新される、という処理を繰り返すことで、<input>要素はインタラクティブに入力内容が反映されます。

▶ リスト7-17　検索ボックスの実装例

```TypeScirpt
const [value, setValue] = useState("");  ← ①要素に入力されている値を保持
return (
  <input
    type="search"
    value={value}  ← ②保持している値を反映
    onChange={(event) => {
      setValue(event.currentTarget.value);  ← ③保持している値を書き換え
    }}
  />
);
```

①で保持した内容は常に最新の入力内容になるため、<form>要素のonSubmitイベントハンドラーで、この最新入力内容を参照します。制御コンポーネントを使用したForm実装の基本は、このような流れになります。

● 非制御コンポーネント

非制御コンポーネントとは<input>要素などの入力要素が「ブラウザネイティブ機能として保持している値」をForm送信時に参照することを想定して実装されたコンポーネントです。送信時に参照するので、制御コンポーネントのようにuseStateなどで値を管理する必要がありません。送信時にrefを経由してDOMの値を参照します。

```TypeScirpt
const ref = useRef<HTMLInputElement>(null);  ← refを経由して参照
return <input type="search" name="search" defaultValue="" ref={ref} />;
```

そのため非制御コンポーネントでは、valueとonChangeの指定はしません。useState
で行っていた初期値指定は、defaultValueというPropsで設定することができます。

●React Hook Formと非制御コンポーネント

　「React Hook Form」は「非制御コンポーネント」を採用することで、素早くパフォーマン
スの高いフォームを作成できるライブラリです。入力要素を参照するrefや、イベントハン
ドラーを自動で生成、設定してくれます。使用するには、実装するFormコンポーネントで
useFormというReact Hook Formのフックを使用します。戻り値に含まれるregister関数
とhandleSubmit関数を使用するのが基本的な使い方です。

TypeScirpt

```typescript
const { register, handleSubmit } = useForm({
  defaultValues: { search: q },
});
```

　このregister関数を使用するだけで、参照／送信の準備が完了します。送信対象の入力
要素として「登録する」ということです。

TypeScirpt

```typescript
<input type="search" {...register("search")} />
```

　登録した入力要素の値を参照するため、register関数で登録した入力要素を<form>要素
の子要素としてレンダリングします。onSubmitイベントハンドラーに、handleSubmit関
数を使用し、送信に備えます。送信されたとき、引数valuesに登録した<input>要素など
の値が格納され、Web APIの送信値として利用できます。

TypeScirpt

```typescript
<form
  onSubmit={handleSubmit((values) => {
    // 入力された値が、ここで取得できる
  })}
>
```

React Hook Formを使用する上で必要な最低限の解説は以上です。src/components/atomsに含まれる入力要素でforwardRefというAPIを使用しているのは、このように非制御コンポーネントとして使用することを前提としているためです。補足になりますが、React Hook Formは制御コンポーネントで実装することも可能です。React Hook Formのより詳しい使用方法については公式ドキュメント※7-3を参考にしてください。

7-6 Formのバリデーションテスト

　本節では、Formのバリデーションを含むUIコンポーネントのテスト手法について解説します。

サンプルコード　src/components/templates/MyPostsCreate/PostForm/index.tsx

● テスト対象の概要

　本節のテスト対象は「新規記事投稿フォーム」UIコンポーネントです（図7-5、リスト7-18）。執筆した記事を新規投稿するための入力Formでは、送信前にバリデーションを行います。このFormでは前節で紹介した、React Hook Formを使用します。「入力内容に応じてどのようにバリデーションが実施されるか？」が、このUIコンポーネントのテスト観点です。

　React Hook Formにはリゾルバーという仕組みが用意されていて、バリデーションスキーマ（①）という入力内容を検証するオブジェクトを付与できます。初期設定では送信時にバリデーションが実行され、バリデーションスキーマに適合しない入力内容だった場合、各々入力要素に対応するエラーメッセージ（②）がerrorsに自動的に格納されます。

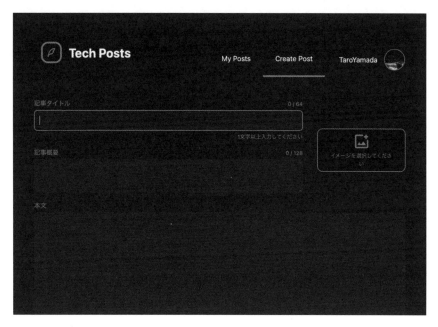

図7-5　PostForm コンポーネント

▶ リスト7-18　src/components/templates/MyPostsCreate/PostForm/index.tsx

`TypeScirpt`

```typescript
export const PostForm = (props: Props) => {
  const {
    register,
    setValue,
    handleSubmit,
    control,
    formState: { errors, isSubmitting },        // Formの状態が参照できる
  } = useForm<PostInput>({
    resolver: zodResolver(createMyPostInputSchema),   // ①入力内容のバリデーションスキーマ
  });
  return (
    <form
      aria-label={props.title}
      className={styles.module}
      onSubmit={handleSubmit(props.onValid, props.onInvalid)}   // 設計のポイント
    >
      <div className={styles.content}>
        <div className={styles.meta}>
          <PostFormInfo register={register} control={control} errors=
{errors} />
```

```
      <PostFormHeroImage
        register={register}
        setValue={setValue}
        name="imageUrl"
        error={errors.imageUrl?.message}  ◀──┐
      />                                      ②バリデーションエラーメッセージがあれば表示
    </div>
    <TextareaWithInfo
      {...register("body")}
      title="本文"
      rows={20}
      error={errors.body?.message}  ◀───  ②バリデーションエラーメッセージがあれば表示
    />
  </div>
  <PostFormFooter
    isSubmitting={isSubmitting}
    register={register}
    control={control}
    onClickSave={props.onClickSave}
  />
  {props.children}
</form>
  );
};
```

　このFormに使用しているバリデーションスキーマは次の通りで、記事タイトルと公開ス
テータスが必須入力項目です（リスト7-19）。記事タイトルが空だった場合「1文字以上入力
してください」というエラーメッセージが表示されます。

▶ リスト7-19　src/lib/schema/MyPosts.ts

TypeScirpt

```
import * as z from "zod";

export const createMyPostInputSchema = z.object({
  title: z.string().min(1, "1文字以上入力してください"),  ◀──── 必須
  description: z.string().nullable(),
  body: z.string().nullable(),
  published: z.boolean(),  ◀──────────────────────────── 必須
  imageUrl: z
    .string({ required_error: "イメージを選択してください" })
    .nullable(),
});
```

● 設計のポイント

React Hook FormのhandleSubmit関数の引数は、関数をインラインで書く必要はなく、次のようにPropsから受け取ったイベントハンドラーも指定できます。第二引数props.onInvalidには、バリデーションエラー時のイベントハンドラーが指定できます。

```TypeScirpt
<form
  aria-label={props.title}
  className={styles.module}
  onSubmit={handleSubmit(props.onValid, props.onInvalid)}
>
```

そのため、Propsの型定義は次のようになります（リスト7-20）。バリデーションを通過したFormの入力内容をどう扱うかは、親コンポーネントに委ねるということです。

▶ リスト7-20　src/components/templates/MyPostsCreate/PostForm/index.tsx

```TypeScirpt
type Props<T extends FieldValues = PostInput> = {
  title: string;
  children?: React.ReactNode;
  onClickSave: (isPublish: boolean) => void;  ◀── 保存ボタンが押下されたとき実行される
  onValid: SubmitHandler<T>;  ◀── 適正内容で送信を試みた場合実行される
  onInvalid?: SubmitErrorHandler<T>;  ◀── 不適正内容で送信を試みた場合実行される
};
```

このUIコンポーネントの責務をまとめると次の通りです。

- 入力Formの提供
- 入力内容の検証（バリデーション）
- バリデーションエラーがあればエラー表示
- 適正内容で送信を試みたとき、onValidイベントハンドラーが実行される
- 不適正内容で送信を試みたとき、onInvalidイベントハンドラーが実行される

● インタラクションテストの準備

各テストを書きやすいように、セットアップ関数を用意します（リスト7-21）。Propsイベントハンドラーが呼ばれたことを検証するため、モック関数（スパイ）の準備もしておきます。

▶ リスト7-21　src/components/templates/MyPostsCreate/PostForm/index.test.tsx

`TypeScirpt`

```typescript
export function setup() {
  const onClickSave = jest.fn();        ← アサーション用に用意したモック関数（スパイ）
  const onValid = jest.fn();
  const onInvalid = jest.fn();
  render(
    <PostForm
      title="新規記事"
      onClickSave={onClickSave}          コンポーネントをレンダリング
      onValid={onValid}
      onInvalid={onInvalid}
    />
  );
  async function typeTitle(title: string) {
    const textbox = screen.getByRole("textbox", ⇒
{ name: "記事タイトル" });               記事タイトルを入力する
    await user.type(textbox, title);      インタラクション関数
  }
  async function saveAsPublished() {
    await user.click(screen.getByRole("switch", ⇒
{ name: "公開ステータス" }));            記事公開する
    await user.click(screen.getByRole("button", ⇒  インタラクション関数
{ name: "記事を公開する" }));
  }
  async function saveAsDraft() {
    await user.click(screen.getByRole("button", ⇒  下書き保存する
{ name: "下書き保存する" }));            インタラクション関数
  }
  return {
    typeTitle,
    saveAsDraft,
    saveAsPublished,
    onClickSave,
    onValid,
    onInvalid,
  };
}
```

● onInvalidが実行されるテスト

テストを書いていきましょう（リスト7-22）。セットアップ関数を実行したら、いきなり保存ボタンを押下します。タイトルが空なので「1文字以上入力してください」というバリデーションエラーが表示されている様子がわかります。waitForという非同期関数は、リトライのために用意された関数です。バリデーションエラーが表示されるまで時間がかかるため、所定時間の間waitForでアサートをリトライし続けます。

▶ リスト7-22　src/components/templates/MyPostsCreate/PostForm/index.test.tsx

TypeScirpt

```typescript
import { screen, waitFor } from "@testing-library/react";

test("不適正内容で下書き保存を試みると、バリデーションエラーが表示される", async () => {
  const { saveAsDraft } = setup();
  await saveAsDraft();
  await waitFor(() =>
    expect(
      screen.getByRole("textbox", { name: "記事タイトル" })
    ).toHaveErrorMessage("1文字以上入力してください")
  );
});
```

セットアップ関数で用意したスパイを調べ、イベントハンドラーが実行されたかを検証します（リスト7-23）。onValidは実行されずonInvalidは実行されていることがわかります。

▶ リスト7-23　src/components/templates/MyPostsCreate/PostForm/index.test.tsx

TypeScirpt

```typescript
test("不適正内容で下書き保存を試みると、onInvalidイベントハンドラーが実行される", async () => {
  const { saveAsDraft, onClickSave, onValid, onInvalid } = setup();
  await saveAsDraft();  ⟵                                       下書きとして保存
  expect(onClickSave).toHaveBeenCalled();
  expect(onValid).not.toHaveBeenCalled();
  expect(onInvalid).toHaveBeenCalled();
});
```

● onValidが実行されるテスト

記事タイトルに「私の技術記事」という文字列を入力して保存します（リスト7-24）。スパイを調べるとonValidは実行され、onInvalidは実行されていないことがわかります。selectImageFile関数は、投稿に必要な画像を選択するインタラクション関数です。この

関数については、この後の第7章9節で解説します。

▶ リスト7-24　src/components/templates/MyPostsCreate/PostForm/index.test.tsx

```TypeScirpt
test("適正内容で「下書き保存」を試みると、onValidイベントハンドラーが実行され⟶
る", async () => {
  mockUploadImage();
  const { typeTitle, saveAsDraft, onClickSave, onValid, onInvalid } = setup();
  const { selectImage } = selectImageFile();
  await typeTitle("私の技術記事");    ◀── タイトルを入力
  await selectImage();    ◀──────────────── 画像を選択
  await saveAsDraft();    ◀──────────────────── 下書きとして保存
  expect(onClickSave).toHaveBeenCalled();
  expect(onValid).toHaveBeenCalled();
  expect(onInvalid).not.toHaveBeenCalled();
});
```

　このようにセットアップ関数の戻り値には、イベントコールバック検証のためのスパイを含めることもできます。テスト観点に応じて、セットアップ関数を活用していきましょう。

　本節では「UIコンポーネント／React Hook Form／バリデーションスキーマ」の連動部分に関する結合テストを書きました。バリデーション処理を通過した後の処理は、第7章8節で続きを解説します。

● TIPS：アクセシビリティ由来のマッチャー

　バリデーションエラーを表示していた<TextboxWithInfo>コンポーネントを紹介します（リスト7-25）。このコンポーネント内部で使用されている<Textbox>コンポーネントは、どのような状態にあるかをARIA属性によって補足しています。aria-invalidとaria-errormessageは、入力内容に誤りがあることを知らせる属性です。Propsのerrorがundefinedではない場合、エラー状態にあると判断します。

▶ リスト7-25　src/components/molecules/TextboxWithInfo/index.tsx

```TypeScirpt
import { DescriptionMessage } from "@/components/atoms/⟶
DescriptionMessage";
import { ErrorMessage } from "@/components/atoms/ErrorMessage";
import { Textbox } from "@/components/atoms/Textbox";
import clsx from "clsx";
import { ComponentProps, forwardRef, ReactNode, useId } from "react";
import styles from "./styles.module.css";
```

```
type Props = ComponentProps<typeof Textbox> & {
  title: string;
  info?: ReactNode;
  description?: string;
  error?: string;
};

export const TextboxWithInfo = forwardRef<HTMLInputElement, Props>(
  function TextboxWithInfo(
    { title, info, description, error, className, ...props },
    ref
  ) {
    const componentId = useId();
    const textboxId = `${componentId}-textbox`;
    const descriptionId = `${componentId}-description`;
    const errorMessageId = `${componentId}-errorMessage`;
    return (
      <section className={clsx(styles.module, className)}>
        <header className={styles.header}>
          <label className={styles.label} htmlFor={textboxId}>
            {title}
          </label>
          {info}
        </header>
        <Textbox
          {...props}
          ref={ref}
          id={textboxId}
          aria-invalid={!!error}
          aria-errormessage={errorMessageId}
          aria-describedby={descriptionId}
        />
        {(error || description) && (
          <footer className={styles.footer}>
            {description && (
              <DescriptionMessage id={descriptionId}>
                {description}
              </DescriptionMessage>
            )}
            {error && (
              <ErrorMessage id={errorMessageId} className={styles.error}>
                {error}
              </ErrorMessage>
            )}
```

```
        </footer>
      )}
    </section>
  );
  }
);
```

アクセシビリティ対応が十分かを検証するマッチャーが@testing-library/jest-dom
には含まれています。このような小さな共通UIコンポーネントのアクセシビリティ検証を行
うことで、プロジェクト全体のアクセシビリティ向上が期待できます（リスト7-26）。

▶ リスト7-26　src/components/molecules/TextboxWithInfo/index.test.tsx

```
                                                                    TypeScirpt
test("TextboxWithInfo", async () => {
  const args = {
    title: "記事タイトル",
    info: "0 / 64",
    description: "半角英数64文字以内で入力してください",
    error: "不正な文字が含まれています",
  };
                                           labelのhtmlForによる関連づけ
  render(<TextboxWithInfo {...args} />);
  const textbox = screen.getByRole("textbox");
                                              aria-describedby
                                              による関連づけ
  expect(textbox).toHaveAccessibleName(args.title);
  expect(textbox).toHaveAccessibleDescription(args.description);
  expect(textbox).toHaveErrorMessage(args.error);
});
                                           aria-errormessageによる関連づけ
```

7-7 Web APIレスポンスをモックするMSW

　Webアプリケーションにとって、Web APIはなくてはならないものです。ここまででWeb
APIに関連するテストのモックには、Jestのモック関数を使用してきました。本章で解説して
いるサンプルでは、Web APIのモックにMSWというモックサーバーライブラリを使用して
います。本節ではテストの話題から少し離れて、MSWについて簡単に紹介します。

● ネットワークレベルのモックを実現するMSW

MSWはネットワークレベルのモックを実現するライブラリです。MSWを使用すると、特定のWeb APIリクエストをインターセプトし、レスポンスを任意の値に書き換えることができます。Web APIサーバーが起動していなくてもレスポンスが再現できるため、結合テストのモックサーバーとして使用することができます。

Web APIのリクエストをインターセプトするためには「リクエストハンドラー」と呼ばれる関数を用意します。次のrest.post関数で作成されるのがリクエストハンドラーです（リスト7-27）。

▶ リスト7-27　MSWのリクエストハンドラー

TypeScirpt

```typescript
import { setupWorker, rest } from "msw";
const worker = setupWorker(
  rest.post("/login", async (req, res, ctx) => {
    const { username } = await req.json();  // ← bodyの値を取得
    return res(
      ctx.json({
        username,
        firstName: "John",
      })
    );
  })
);
worker.start();
```

この記述で、ローカルホストの"/login"というURLに対するPOSTリクエストがインターセプトされます。"/login"へのPOSTリクエストは、bodyに含まれるusernameを参照し、{ username, firstName: "John" }というjsonレスポンスが返却されます。

MSWを使用する利点は、テスト単位でレスポンスを切り替えることはもちろん、発生したリクエストのheadersやqueryの内訳が詳細に検証できることです。また、ブラウザで発生するリクエストと、サーバーで発生するリクエストの、どちらもインターセプト可能なため、BFFを含むフロントエンドテストの至る所で活用できます。

第7章　Webアプリケーション結合テスト

179

● Jestで使用する準備

まず "msw/node" から提供される setupServer という関数を使用し、Jestテスト向けのセットアップ関数を用意します（リスト7-28）。setupServer 関数には、リクエストハンドラーを可変長引数で渡すことで、インターセプトが有効になります。テストごとにサーバーを初期化するため、異なるテスト間でインターセプトが干渉するということがありません。共通のセットアップ関数として、以下の setupMockServer のような関数を用意しておくと便利です。

▶ リスト7-28　src/tests/jest.ts

```TypeScirpt
import type { RequestHandler } from "msw";
import { setupServer } from "msw/node";

export function setupMockServer(...handlers: RequestHandler[]) {
  const server = setupServer(...handlers);
  beforeAll(() => server.listen());
  afterEach(() => server.resetHandlers());
  afterAll(() => server.close());
  return server;
}
```

各テストファイルでMSWサーバーをセットアップするためには、テストに必要なハンドラー関数を次のように渡して設定します。サンプルコードのいくつかの結合テストで確認することができます。

```TypeScirpt
import * as MyPosts from "@/services/client/MyPosts/__mock__/msw";
setupMockServer(...MyPosts.handlers);
```

● Fetch APIのpolyfill

執筆時点（2023年3月）で、テスト環境のjsdomにはFetch APIが用意されていません[7-4]。そのため、Fetch APIを使用したコードがテスト対象に含まれていた場合、テストに失敗します。

Jest標準のモック機構でWeb APIクライアントをモックしている場合はFetch API呼び出しに到達しないため問題になりませんが、MSWを使用したネットワークレベルのモックの場合、この課題に直面します。

※7-4　https://github.com/jsdom/jsdom/issues/1724

180

そこで、テスト環境向けにFetch APIのpolyfillであるwhatwg-fetchをインストールし、全てのテストで適用されるよう、セットアップファイルでimportしておきます（リスト7-29）。

▶ リスト7-29　jest.setup.ts

TypeScirpt

```typescript
import "whatwg-fetch";
```

7-8　Web APIの結合テスト

本節では、複雑なインタラクション分岐を含むUIコンポーネントのテスト手法について解説します。

サンプルコード　src/components/templates/MyPostsCreate/index.tsx

● テスト対象の概要

本節のテスト対象は「新規記事投稿フォーム」UIコンポーネントであり、第7章6節で解説した、バリデーション通過後の処理を行う親コンポーネントです（図7-6、リスト7-30）。

執筆した記事は「下書き／公開」のステータスを選択して保存することができます。「下書き」の場合、即座に保存されますが、保存した下書きはログインユーザーしか閲覧できません。「公開」の場合、ログインユーザー以外にも記事が一般公開されます。そのため、公開アクションの前に確認ダイアログ（AlertDialog）を表示し、いきなり公開しないように制御を入れています。まとめると、次のような処理となっています。

- 下書き保存した場合、下書きした記事ページに遷移する
- 公開を試みたとき、AlertDialogが表示される
- AlertDialogで「いいえ」を選んだ場合、ダイアログは閉じる
- AlertDialogで「はい」を選んだ場合、公開状態で保存される

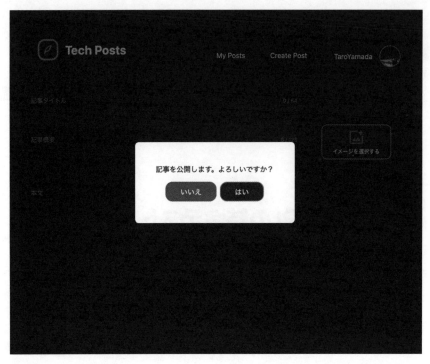

図7-6　MyPostsCreate コンポーネント

▶ リスト7-30　src/components/templates/MyPostsCreate/index.tsx

TypeScirpt

```typescript
export const MyPostsCreate = () => {
  const router = useRouter();
  const { showToast } = useToastAction();
  const { showAlertDialog, hideAlertDialog } = useAlertDialogAction();
  return (
    <PostForm
      title="新規記事"
      description="新しい投稿を作成します"
      onClickSave={(isPublish) => {
        if (!isPublish) return;
        // 公開を試みたとき、AlertDialogが表示される
        showAlertDialog({ message: "記事を公開します。よろしいですか？" });
      }}
      onValid={async (input) => {
        // 適正内容で送信を試みた場合
        const status = input.published ? "公開" : "保存";
        if (input.published) {
          hideAlertDialog();
```

```
      }
      try {
        // API通信を開始したとき「保存中…」が表示される
        showToast({ message: "保存中…", style: "busy" });
        const { id } = await createMyPosts({ input });
        // 公開（保存）に成功した場合、画面遷移する
        await router.push(`/my/posts/${id}`);
        // 公開（保存）に成功した場合「公開（保存）に成功しました」が表示される
        showToast({ message: `${status}に成功しました`, style: "succeed" });
      } catch (err) {
        // 公開（保存）に失敗した場合「公開（保存）に失敗しました」が表示される
        showToast({ message: `${status}に失敗しました`, style: "failed" });
      }
    }}
    onInvalid={() => {
      // 不適正内容で送信を試みると、AlertDialogが閉じる
      hideAlertDialog();
    }}
  >
    <AlertDialog />
  </PostForm>
  );
};
```

● **インタラクションテストの準備**

　インタラクションテストのために、セットアップ関数にインタラクション関数を追加してみましょう（リスト7-31）。関数戻り値には、記事を「下書き保存／公開保存」するまでに必要なインタラクションの断片が含まれます。

- typeTitle：記事タイトルを入力する関数
- saveAsPublished：「公開」として保存試行する関数
- saveAsDraft：「下書き」として保存試行する関数
- clickButton：AlertDialogの「はい／いいえ」を選択する関数
- selectImage：記事のメイン画像を選択する関数

▶ リスト7-31　src/components/templates/MyPostsCreate/index.test.tsx

```typescript
export async function setup() {
  render(<Default />);
  const { selectImage } = selectImageFile();
  async function typeTitle(title: string) {
    const textbox = screen.getByRole("textbox", { name: "記事タイトル" });
    await user.type(textbox, title);
  }
  async function saveAsPublished() {
    await user.click(screen.getByRole("switch", { name: "公開ステータス" }));
    await user.click(screen.getByRole("button", { name: "記事を公開する" }));
    await screen.findByRole("alertdialog");
  }
  async function saveAsDraft() {
    await user.click(screen.getByRole("button", { name: "下書き保存する" }));
  }
  async function clickButton(name: "はい" | "いいえ") {
    await user.click(screen.getByRole("button", { name }));
  }
  return { typeTitle, saveAsPublished, saveAsDraft, clickButton, selectImage };
}
```

● AlertDialog表示のテスト

　AlertDialogは「公開」直前のみ表示されるUIコンポーネントです。公開を試みたとき「記事を公開します。よろしいですか？」という文言がAlertDialogに表示されるかを検証します。「いいえ」ボタンを押下してAlertDialogが閉じる挙動もあわせて検証します（リスト7-32）。

▶ リスト7-32　src/components/templates/MyPostsCreate/index.test.tsx

```typescript
test("公開を試みたとき、AlertDialogが表示される", async () => {
  const { typeTitle, saveAsPublished, selectImage } = await setup();
  await typeTitle("201");
  await selectImage();
  await saveAsPublished();                              // 記事を公開する
  expect(
    screen.getByText("記事を公開します。よろしいですか？")
  ).toBeInTheDocument();
});

test("「いいえ」を押下すると、AlertDialogが閉じる", async () => {
  const { typeTitle, saveAsPublished, clickButton, selectImage } =
```

```
    await setup();
  await typeTitle("201");
  await selectImage();
  await saveAsPublished();  ◄─────────────────────  記事を公開する
  await clickButton("いいえ");
  expect(screen.queryByRole("alertdialog")).not.toBeInTheDocument();
});
```

　記事を公開するには「記事タイトル」が入力されていることが必須です。もし、何も入力せ
ずに公開を試みた場合、AlertDialogは開きますが保存はできません。テキストボックスが
Invalidになり、AlertDialogも閉じられたことを検証します（リスト7-33）。

▶ リスト7-33　src/components/templates/MyPostsCreate/index.test.tsx

TypeScirpt

```
test("不適正内容で送信を試みると、AlertDialogが閉じる", async () => {
  const { saveAsPublished, clickButton, selectImage } = await setup();
  // await typeTitle("201");  ◄──────────────  タイトルが入力されていない
  await selectImage();
  await saveAsPublished();
  await clickButton("はい");
  // 記事タイトル入力欄がinvalidである
  await waitFor(() =>
    expect(screen.getByRole("textbox", { name: "記事タイトル" })).toBeInvalid()
  );
  expect(screen.queryByRole("alertdialog")).not.toBeInTheDocument();
});
```

● Toast表示のテスト

　公開／保存のためのリクエスト開始時、「保存中…」というToastが表示されます。成功し
たときのテストは別途、アサーションを書きます（リスト7-34）。

▶ リスト7-34　src/components/templates/MyPostsCreate/index.test.tsx

TypeScirpt

```
test("API通信を開始したとき「保存中…」が表示される", async () => {
  const { typeTitle, saveAsPublished, clickButton, selectImage } =
    await setup();
  await typeTitle("201");
  await selectImage();
  await saveAsPublished();  ◄─────────────────────  記事を公開する
  await clickButton("はい");
  await waitFor(() =>
```

```
    expect(screen.getByRole("alert")).toHaveTextContent("保存中…")
  );
});

test("公開に成功した場合「公開に成功しました」が表示される", async () => {
  const { typeTitle, saveAsPublished, clickButton, selectImage } =
    await setup();
  await typeTitle("201");
  await selectImage();
  await saveAsPublished();    ◄──────────────────────── 記事を公開する
  await clickButton("はい");
  await waitFor(() =>
    expect(screen.getByRole("alert")).toHaveTextContent("公開に成功しました")
  );
});
```

MSWで設定しているモックサーバーでは、記事タイトルを "500" という名称で保存しようとしたとき、エラーレスポンスが返ってくるように設定しています（リスト7-35）。テストごとにレスポンスを上書きする方法もありますが、このように入力内容によってエラーレスポンスを意図的に発生させることもできます。必要なエラーパターンに応じて、リクエストハンドラーを設計するとよいでしょう。

▶ リスト7-35　src/components/templates/MyPostsCreate/index.test.tsx

`TypeScirpt`

```
test("公開に失敗した場合「公開に失敗しました」が表示される", async () => {
  const { typeTitle, saveAsPublished, clickButton, selectImage } =
    await setup();
  await typeTitle("500");       ◄──────────── 必ずエラーレスポンスを返すタイトル
  await selectImage();
  await saveAsPublished();      ◄──────────── 記事を公開する
  await clickButton("はい");
  await waitFor(() =>
    expect(screen.getByRole("alert")).toHaveTextContent("公開に失敗しました")
  );
});
```

● 画面遷移のテスト

　画面遷移のテストは、第7章3節で解説した通りです。Web API処理が正常終了した後、画面遷移は発生します。waitFor関数を使ってmockRouterのpathnameが記事ページであることを検証します（リスト7-36）。

▶ リスト7-36　src/components/templates/MyPostsCreate/index.test.tsx

TypeScirpt

```typescript
test("下書き保存した場合、下書きした記事ページに遷移する", async () => {
  const { typeTitle, saveAsDraft, selectImage } = await setup();
  await typeTitle("201");
  await selectImage();
  await saveAsDraft();                                      ◀── 下書き保存
  await waitFor(() =>
    expect(mockRouter).toMatchObject({ pathname: "/my/posts/201" })
  );
});

test("公開に成功した場合、画面遷移する", async () => {
  const { typeTitle, saveAsPublished, clickButton, selectImage } =
    await setup();
  await typeTitle("201");
  await selectImage();
  await saveAsPublished();                                  ◀── 記事を公開する
  await clickButton("はい");
  await waitFor(() =>
    expect(mockRouter).toMatchObject({ pathname: "/my/posts/201" })
  );
});
```

　本節では、Web APIのレスポンスに連動し「PostFormコンポーネント、AlertDialogコンポーネント、Toastコンポーネント」が機能するという、広範囲に及ぶ結合テストを紹介しました。使用しているPostFormコンポーネントは「Formのバリデーションテスト」の節で紹介したUIコンポーネントと同じものですが、そのUIコンポーネントのバリデーション機能に対するテストは、今回は対象外となっています。

　子コンポーネントに委ねた処理までをテストしてしまうと、親コンポーネントの責務が不明瞭になります。親コンポーネントに書かれている**連携部分に集中してテストを書く**ことで、必要なテストが明確になるだけでなく、責務境界がはっきりとした設計になります。

7-9 画像アップロードの結合テスト

本節では、画像アップロード機能を含んだUIコンポーネント（図7-7）のテスト手法について解説します。

図7-7　Avatarコンポーネント

サンプルコード　src/components/templates/MyProfileEdit/Avatar/index.tsx

● テスト対象の概要

この「Avatar」コンポーネントはユーザープロフィールページに使用されるもので、ユーザーのアバター画像を表示、変更する機能を担います。一連の処理は次の通りです（リスト7-37）。

① コンピュータに保存されている画像が選択でき、選択後に画像アップロードを試みる

② 画像アップロードに成功した場合、プロフィール画像として適用される

③ 画像アップロードに失敗した場合、失敗した旨が警告される

　画像選択に`<InputFileButton>`という外部コンポーネントを使用しています。`<input type="file">`要素で実装されており、クリックすることでコンピュータに保存されている画像が選択できるようになっています。`accept: "image/png, image/jpeg"`は、PNG画像とJPEG画像のみを選択許可するという指定です。このUIコンポーネントのテスト観点は、②と③が呼ばれることです。

▶ リスト7-37　src/components/templates/MyProfileEdit/Aavatar/index.tsx

```TypeScirpt
export const Aavatar = (props: Props) => {
  const { showToast } = useToastAction();
  const { onChangeImage, imageUrl } = useUploadImage({
    ...props,
    onRejected: () => {
      showToast({
        message: `画像のアップロードに失敗しました`,       ③画像アップロードに失敗した場合、
        style: "failed",                                       失敗した旨が警告される
      });
    },
  });
  return (
    <div className={styles.module}>
      <p className={styles.avatar}>
        <img src={imageUrl || ""} alt="" />       ②画像アップロードに成功すると、
      </p>                                           imageUrlに画像URLが格納される
      <InputFileButton
        buttonProps={{
          children: "写真を変更する",
          type: "button",
        }}
        inputProps={{                             ①ボタン押下で画像を選択し、
          accept: "image/png, image/jpeg",          選択されたとき画像アップ
          onChange: onChangeImage,                    ロードを試みる
        }}
      />
    </div>
  );
};
```

画像アップロード処理の流れと、テスト対象範囲を図示すると次のようになります（図7-8）。②と③が呼ばれることを検証するために「**モック1／モック2**」を用意する必要があるという点が、本節の主旨です。読み進めるうちにどこの処理を解説しているのか迷子になったら、この図を改めて確認してください。

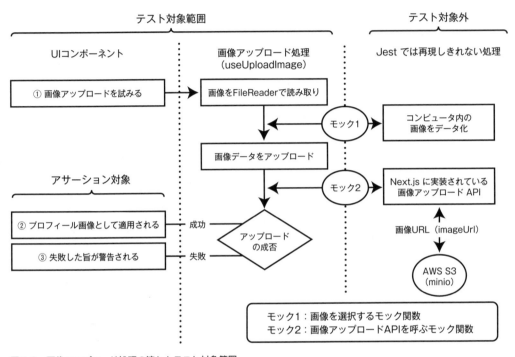

図7-8　画像アップロード処理の流れとテスト対象範囲

● **画像アップロード処理の流れ**

　画像が選択されると useUploadImage というカスタムフックが提供する onChangeImage イベントハンドラーが実行されます（リスト7-38）。onChangeImage ハンドラーが行っている処理は次の2つです。

- ブラウザAPIである FileReader オブジェクトを使用してコンピュータに保存されている画像ファイル内容を非同期で読み取る
- 読み取りが完了したら、画像アップロードAPI を呼ぶ

▶ リスト7-38　src/components/hooks/useUploadImage.ts

```typescript
// handleChangeFile関数はFileReaderオブジェクトを使用して画像ファイルを読み取る
const onChangeImage = handleChangeFile((_, file) => {
  // 読み取った画像内容がfileに格納される
  // uploadImage関数はAPI Routeで実装された画像アップロード用のAPIを呼び出している
  uploadImage({ file })
    .then((data) => {
      const imgPath = `${data.url}/${data.filename}` as PathValue<T, Path<T>>;
      // APIレスポンスに含まれる 画像URLをパスとして設定する
      setImageUrl(imgPath);
      setValue(name, imgPath);
      onResolved?.(data);
    })
    .catch(onRejected);
});
```

　画像アップロードAPI（uploadImage関数で呼び出しているAPI）はNext.jsのAPI Routesで実装されており、AWS SDK[※7-5]を経由して、AWS S3[※7-6]に画像保存するよう実装されています。開発環境ではAWS S3に見立てたminioという開発用サーバーに保存されます。画像アップロードが完了したタイミングで、アップロード先の画像URLが取得できます。そのアップロード先の画像URLをimageUrlに設定し、プロフィール画像のsrcとして参照されるという流れになります。

● 結合テストのためのモックを用意する

　このコンポーネントをテストするにあたり課題となるのが「画像を選択する（ブラウザAPI）」「画像アップロードAPIを呼ぶ（Next.js実装）」という2点です。jsdomはこのブラウザAPIを備えていませんし、画像アップロードAPIもNext.jsサーバー抜きで考える必要があります。そこで②と③を検証するために、モック関数を使用します。

画像を選択するモック関数

　画像選択を再現するため、次のselectImageFile関数を用意します（リスト7-39）。「ダミーの画像ファイルを作ること」「画像選択インタラクションを再現するuser.uploadを使用すること」がポイントです。data-testid="file"相当のinput要素をレンダリングし

※7-5　Amazon Web Servicesをアプリケーションで使用するための標準ライブラリのことです。

※7-6　Amazon Web Servicesによって提供されるオンラインファイルストレージのWebサービスのことです。画像や静的ファイルを保存するのに適しています。

第7章　Webアプリケーション結合テスト

191

た後にselectImage関数を使用すると、input要素は画像が選択された状態となります。

▶ リスト7-39　src/tests/jest.ts

TypeScirpt

```typescript
import userEvent from "@testing-library/user-event";

export function selectImageFile(
  inputTestId = "file",
  fileName = "hello.png",
  content = "hello"
) {
  // userEventを初期化する
  const user = userEvent.setup();
  // ダミーの画像ファイルを作成
  const filePath = [`C:\\fakepath\\${fileName}`];
  const file = new File([content], fileName, { type: "image/png" });
  // renderしたコンポーネントに含まれるdata-testid="file"相当のinput要素を取得
  const fileInput = screen.getByTestId(inputTestId);
  // この関数を実行すると、画像選択が再現される
  const selectImage = () => user.upload(fileInput, file);
  return { fileInput, filePath, selectImage };
}
```

画像アップロードAPIを呼ぶモック関数

　画像アップロードAPIを呼ぶとNext.jsのAPI Routesにリクエストが発生し、AWS S3に画像アップロード処理が発生します。この処理までをUIコンポーネントのテストで行おうとすると、冒頭の「②と③が呼ばれることの検証」という目的から外れてしまいます。そのため、ここではモック関数を使用し、決まったレスポンスが返ってくるように設定します。第4章で解説したモック関数の作成方法と同じように、uploadImage関数をモックします。引数statusはHTTPステータスコードを示唆するものです（リスト7-40）。

▶ リスト7-40　src/services/client/UploadImage/__mock__/jest.ts

TypeScirpt

```typescript
import { ErrorStatus, HttpError } from "@/lib/error";
import * as UploadImage from "../fetcher";
import { uploadImageData } from "./fixture";

jest.mock("../fetcher");

export function mockUploadImage(status?: ErrorStatus) {
  if (status && status > 299) {
```

```
    return jest
      .spyOn(UploadImage, "uploadImage")
      .mockRejectedValueOnce(new HttpError(status).serialize());
  }
  return jest
    .spyOn(UploadImage, "uploadImage")
    .mockResolvedValueOnce(uploadImageData);
}
```

● アップロードに成功するテスト

　準備した2つのモック関数を使用し、テストを書いていきます（リスト7-41）。「アップロー
ドに成功するテスト」は冒頭でmockUploadImage関数を呼び出し、アップロードが成功す
るようにセットアップします。初期表示はimg要素のsrc属性は空であるはずなので、その
観点でもアサーションを書きます。

▶ リスト7-41　src/components/templates/MyProfileEdit/Aavatar/index.test.tsx

`TypeScirpt`

```
test("画像のアップロードに成功した場合、画像のsrc属性が変化する", async () => {
  // 画像アップロードが成功するように設定
  mockUploadImage();
  // コンポーネントをレンダリング
  render(<TestComponent />);
  // 画像のsrc属性が空であることを確認
  expect(screen.getByRole("img").getAttribute("src")).toBeFalsy();
  // 画像を選択
  const { selectImage } = selectImageFile();
  await selectImage();
  // 画像のsrc属性が空でないことを確認
  await waitFor(() =>
    expect(screen.getByRole("img").getAttribute("src")).toBeTruthy()
  );
});
```

● アップロードに失敗するテスト

　このコンポーネントはアップロードに失敗したとき、Toastコンポーネントを表示します。
Toastには「画像のアップロードに失敗しました」というメッセージが含まれます
（リスト7-42）。

TypeScirpt

```typescript
const { onChangeImage, imageUrl } = useUploadImage({
  ...props,
  onRejected: () => {
    showToast({
      message: `画像のアップロードに失敗しました`,
      style: "failed",
    });
  },
});
```

　テストの冒頭でmockUploadImage(500)を呼び出し、アップロードが失敗するように
セットアップします（リスト7-43）。画像選択を行うと、Toastコンポーネントが表示される
ことが検証できました。

▶ リスト7-43　src/components/templates/MyProfileEdit/Aavatar/index.test.tsx

TypeScirpt

```typescript
test("画像のアップロードに失敗した場合、アラートが表示される", async () => {
  // 画像アップロードが失敗するように設定
  mockUploadImage(500);
  // コンポーネントをレンダリング
  render(<TestComponent />);
  // 画像を選択
  const { selectImage } = selectImageFile();
  await selectImage();
  // 指定した文字列をもってToastが表示されることをアサート
  await waitFor(() =>
    expect(screen.getByRole("alert")).toHaveTextContent(
      "画像のアップロードに失敗しました"
    )
  );
});
```

　テスト対象のコードの何を検証したいのか、という観点に着目し、モック関数を組み合わせ
る手法を解説しました。E2Eテストでファイルアップロードを検証する方法もありますが、こ
のように結合テストでもエラー分岐などを検証することができます。

■第 **8** 章▼

UIコンポーネント
エクスプローラー

8-1 Storybookの基本

フロントエンド開発は、UIコンポーネント実装が主な開発対象です。実装済みのUIコンポーネントは、開発メンバー同士だけでなく、デザイナーやプロダクトオーナーとも共有できると便利です。UIコンポーネントエクスプローラーは、そんな要望にうってつけのコラボレーションツールです。

そのコラボレーションツールが、今ではフロントエンドのテスト戦略で注目の存在になってきています。これまでフロントエンドのテストといえば、次の2つのテストを指していました。

- jsdomを使用した単体／結合テスト
- ブラウザを使用したE2Eテスト

StorybookのUIコンポーネントテストは、この2つのテスト区分の中間に位置するテストです（図8-1）。StroybookはUIコンポーネントエクスプローラーでありながらも、テストツールとしての機能が日増しに強化されています。本章では、Storybookの基本的な概念、操作を順番に解説し、最後にどうテストにつなげるのかを紹介していきます。

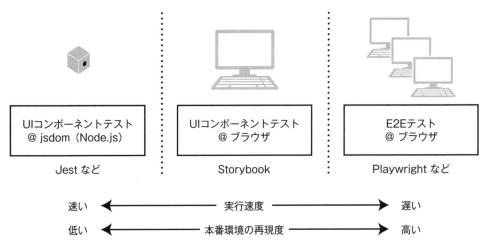

図8-1　中間に位置するStorybookのUIコンポーネントテスト

● Storybookをインストールする

Storybookをプロジェクトに導入する手順を解説します。既存プロジェクトでなくても、空のリポジトリがあればはじめられます。Storybookのインストールは専用のCLIツールが用意されているため、このツールを経由してまずは雛形をインストールします。

```bash
$ npx storybook init
```

空のリポジトリの場合、サンプルコードのインストールも促されます。

```bash
? Do you want to manually choose a Storybook project type to install? 
› (y/N)
```

今回はreactを選択します。

```bash
      react_scripts
      meteor
>     react
      react_native
      react_project
      webpack_react
      vue
```

次の質問が表示された場合はyesを選択します。

```bash
? Do you want to run the 'npm7' migration on your project ? > (Y/n)
```

reactとreact-domも別途インストールしましょう。

```bash
$ npm install react react-dom
```

すると、必要なパッケージがpackage.jsonに追加され、設定ファイルやサンプルコードが出力されます。Storybookのインストールがはじめての方は、まずはサンプルコードを見たり修正したりしてみて、どういったツールであるのか理解を進めるとよいでしょう。次のコマンド

で、Storybookの開発サーバーがhttp://localhost:6006で起動します（図8-2）。終了するとき
は「Ctrl + c」を押下します。

```bash
$ npm run storybook
```

図8-2　Storybookを起動した様子

執筆時点（2023年3月）で、`storybook init`コマンドで作成したStorybookがNode.js v18で正常に
起動しない不具合を確認しています。インストールがうまくいかない場合、次のURLから本書サンプルリ
ポジトリのissuesをご確認ください。

URL　https://github.com/frontend-testing-book/vrt

● Storyを登録する

Storyを登録するためには、プロジェクト内にStoryファイルをコミットします。過去数回
のバージョンアップに伴い、Storyの登録方法も変化しています。本節では執筆時点で最新の
「CSF3.0」フォーマットにのっとり、サンプルコードを掲載していきます。

出力されたサンプルコードのうち`Button.jsx`が、UIコンポーネントの実装ファイルです。
このUIコンポーネントをStorybook上で閲覧できるようにするために必要なのが、`Button.
stories.jsx`です。

このStoryファイルには、`export default`でオブジェクト定義が`export`されています。
`import`した`Button`を`component`プロパティに指定すれば、この`.stories.jsx`は
`Button`コンポーネント専用のStoryファイルとして準備が完了します（リスト8-1）。

198

```typescript
import { Button } from "./Button";

export default {
  title: "Example/Button",
  component: Button,
};
```

　UIコンポーネントはPropsを組み合わせることで、異なる装飾や振る舞いを提供します。このButtonコンポーネントは表示文字をlabelというPropsで指定します（Storybookにおいて、Propsを指す変数名はpropsではなく、argsです）。export defaultの指定とは別に、CSF3.0ではオブジェクトを個別にexportすることで、1つのStoryを登録することができます（リスト8-2）。

▶リスト8-2　1つのStory

```typescript
export const Default = {
  args: {
    label: "Button",
  },
};
```

ボタンをStory登録

　このButtonコンポーネントは、sizeというPropsによって、大きさが変わるよう実装されています。args.sizeに異なる値を設定し、別名でexportすることで、異なるStoryを登録することができます（リスト8-3）。exportするオブジェクトの名称は自由なので、わかりやすい命名をするとよいでしょう。

▶リスト8-3　異なるStoryを登録

```typescript
export const Large = {
  args: {
    size: "large",
    label: "Button",
  },
};
```

サイズの大きいボタンをStory登録

```typescript
export const Small = {
  args: {
    size: "small",
    label: "Button",
  },
};
```

サイズの小さいボタンをStory登録

第8章　UIコンポーネントエクスプローラー

● 3 レベル設定のディープマージ

　登録する一つ一つの Story は「Global ／ Component ／ Story」の3レベル設定をディープマージ[8-1]したものが採用されます（図8-3）。共通で適用したい項目は適切なスコープで設定することで、Story ごとの設定が最小限で済みます。Storybook 機能の多くは、この3レベル設定を活用できます。

- Global レベル：全 Story の設定（.storybook/preview.js）
- Component レベル：Story ファイルごとの設定（export default）
- Story レベル：Story ごとの設定（export const）

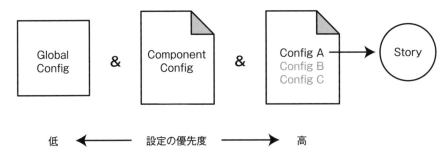

図8-3　3レベル設定のディープマージ

8-2 Storybook の必須アドオン

　Storybook は「アドオン」の仕組みを使い、必要に応じて機能を追加可能です。標準インストール時に追加される @storybook/addon-essentials は、まさに必須のアドオンです。

　この必須アドオンが、どのように活用されているのかを第7章でクローンした Next.js のサンプルコードで紹介していきます。次のコマンドで Storybook を立ち上げてみましょう。

※ 8-1　オブジェクトの深い階層のプロパティも再帰的にマージする深いマージのことです。

```bash
$ npm run storybook
```

http://localhost:6006/でStorybookが起動します。

● Controlsを使ったデバッグ

UIコンポーネントはPropsに渡される値によって、表示や機能を提供します。Storybookエクスプローラー上からPropsを書き換えることによって、コンポーネントがどのような表示になるかを、リアルタイムでデバッグできます。この機能が「Controls」です。

サンプルコード「AnchorButton」を見てみましょう。このStoryの「Controls」パネルを確認すると、指定可能なPropsがいくつか確認できます（children、theme、variant、disabled）（図8-4）。これらのコントロールを押下したり、内容を変更することで、UIコンポーネントがどう変化するのかを、即座に確認できます。

図8-4　ButtonコンポーネントのControlsパネル

第8章 UIコンポーネントエクスプローラー

201

　筆者は普段、この機能を使って、文字列を大量投入したとき「レイアウト崩れがないか？」「意図通りの折り返しとなっているか？」ということを、よく確認しています（図8-5）。UI実装において「見た目が意図通りか？」というデバッグは、このような作業の積み重ねになります。

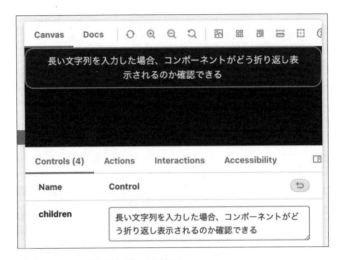

図8-5　大量の文字列を投入してレイアウト崩れがないか検証

　@storybook/addon-controlsによりこの機能が提供されますが、このアドオンはインストール時に適用した@storybook/addon-essentialsに含まれています。

● Actionsを使ったイベントハンドラーの検証

　UIコンポーネントは一連の内部処理の結果、Propsに渡されたイベントハンドラーを呼び出すことがあります。このイベントハンドラーがどのように呼び出されたかをログ出力する機能が「Actions」で、@storybook/addon-actionsによりこの機能が提供されます。

　記事投稿フォームのUIコンポーネントでActionsを確認していきましょう。「FailedSaveAsDraft」という名称でexportされているStoryは、不適正な送信を試みた状態のUIコンポーネントを表現しており、onInvalidイベントハンドラーが呼び出されていることがActionsパネルで確認できます（図8-6）。このフォームは「イメージ画像」「記事タイトル」が必須入力項目で、その不備内訳が引数としてログ出力されている様子が確認できます。

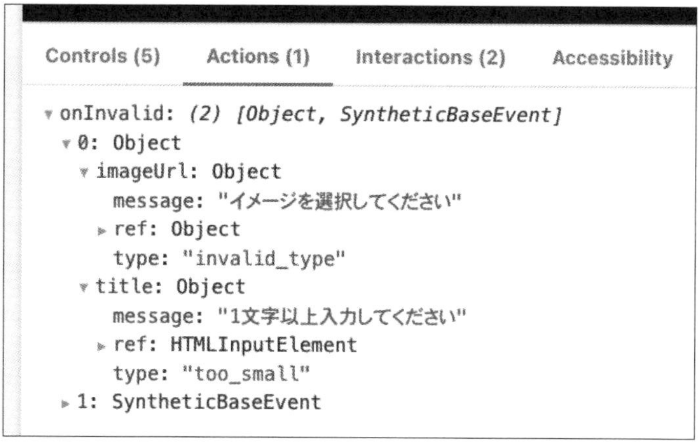

図8-6　onInvalidイベントハンドラーが呼び出された様子

src/components/templates/MyPostsCreate/PostForm/index.tsx

　このアドオンは、インストール時に適用した@storybook/addon-essentialsに含まれていて、初期設定も施されています。Globalレベルの設定である.storybook/preview.jsを確認すると、argTypesRegex: "^on[A-Z].*"という設定が確認できます。これは「on」ではじまる命名のイベントハンドラーは、自動で「Actions」パネルにログ出力をする、という設定です。もし、プロジェクトでイベントハンドラー命名にガイドラインが設けられていれば、それに沿うように正規表現を指定するとよいでしょう（リスト8-4）。

▶ リスト8-4　.storybook/preview.js

TypeScript

```
export const parameters = {
  actions: { argTypesRegex: "^on[A-Z].*" },
};
```

● レスポンシブレイアウトに対応するViewport設定

　レスポンシブレイアウトを施しているUIコンポーネントの場合、画面サイズ別にStory登録ができます。@storybook/addon-viewportによりこの機能が提供されます。

　Next.jsサンプルコードは全ページをレスポンシブレイアウトで実装しており、特に「layouts/BasicLayout/Header」のStoryファイルはモバイルデバイスサイズに特徴のあるStoryをいくつか登録しています（図8-7）。

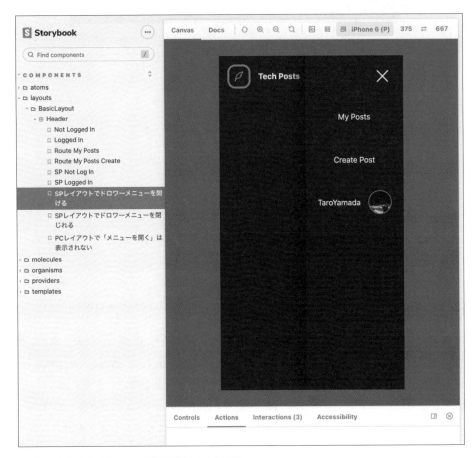

図8-7　iPhone6サイズでViewportが初期設定されているStory

サンプルコード　src/components/layouts/BasicLayout/Header/index.stories.tsx

SP（スマートフォン）レイアウトでStoryを登録したい場合、`parameters.viewport`を設定する必要があります。サンプルコードでは、SPレイアウトを登録したいUIコンポーネントに向け、SPレイアウトの共通設定として`SPStory`という設定を用意しています（リスト8-5）。

▶ リスト8-5　src/components/layouts/BasicLayout/Header/index.stories.tsx

TypeScript

```
import { SPStory } from "@/tests/storybook";

export const SPLoggedIn: Story = {
```

```
  parameters: {
    ...SPStory.parameters,  ◀────────────  SP レイアウト共通設定を適用する
  },
};
```

マージされる共通設定は次のようになっています（リスト8-6）。screenshotの設定は、Storyのビジュアルリグレッションテスト向けのものです。この解説は第9章で行います。

▶ リスト8-6　src/tests/storybook.tsx

TypeScript

```typescript
import { INITIAL_VIEWPORTS } from "@storybook/addon-viewport";

export const SPStory = {
  parameters: {
    viewport: {
      viewports: INITIAL_VIEWPORTS,
      defaultViewport: "iphone6",
    },
    screenshot: {
      viewport: {
        width: 375,
        height: 667,
        deviceScaleFactor: 1,
      },
      fullPage: false,
    },
  },
};
```

8-3　Context APIに依存したStoryの登録

ReactのContext APIに依存したStoryは、Storybookの機能であるDecoratorを活用すると便利です。初期値を注入できるようにProviderを作り込んでおくことで、Contextが保持する状態に依存したUIを端的に再現できます。

● Storybook Decoratorの概要

はじめに、Decoratorの概要を紹介します。Decoratorはいわば、各Storyのレンダリング関数ラッパーです。例えばUIコンポーネントの外側に余白を設けたいとき、次のようなDecorator（関数）を`decorators`配列に指定します（リスト8-7）。

▶ リスト8-7　Decoratorの例

```TypeScript
import { ChildComponent } from "./";
export default {
  title: "ChildComponent",
  component: ChildComponent,
  decorators: [
    (Story) => (
      <div style={{ padding: "60px" }}>
        <Story />  ◀──────────────────────── 各Storyが展開される
      </div>
    ),
  ],
};
```

この設定はComponentレベルであるため、このファイルで登録される全てのStoryに余白が適用されます。Decoratorは、配列で複数指定できます。

● Providerを持つDecorator

余白を与えたように、DecoratorにContextのProviderを設定できます。例えば、ログインユーザー情報を保持しているProvider（LoginUserInfoProvider）を共通のDecoratorに保持しておけば、ContextのProviderに依存するUIコンポーネントのStoryも、ログインユーザー情報を表示することができます（リスト8-8）。

▶ リスト8-8　src/tests/storybook.tsx

```TypeScript
import { LoginUserInfoProvider } from "@/components/providers/➡
LoginUserInfo";
import { Args, PartialStoryFn } from "@storybook/csf";
import { ReactFramework } from "@storybook/react";

export const LoginUserInfoProviderDecorator = (
  Story: PartialStoryFn<ReactFramework, Args>
) => (
  <LoginUserInfoProvider>
    <Story />  ◀──────────────── StoryがContext経由でLoginUserInfoを参照
```

```
    </LoginUserInfoProvider>
  );
```

同じように、共通レイアウトを提供するDecoratorも準備しておくと、必要に応じて使い分けができます。アプリケーション全体で必要になるようなProviderは、アプリケーションで使用するものと全く同じものでも構いませんが、Storybook専用のProviderをDecoratorとして用意しておくとよいでしょう（リスト8-9）。

▶ リスト8-9　src/tests/storybook.tsx

```TypeScript
import { BasicLayout } from "@/components/layouts/BasicLayout";
import { Args, PartialStoryFn } from "@storybook/csf";
import { ReactFramework } from "@storybook/react";

export const BasicLayoutDecorator = (
  Story: PartialStoryFn<ReactFramework, Args>
) => BasicLayout(<Story />);
```

● Decorator高階関数

Decoratorを作る関数（高階関数）を用意すると、柔軟にDecoratorを作れます。次の例は第7章2節でも解説した、ユーザーに通知をする`<Toast>`コンポーネントのStoryです（リスト8-10、図8-8）。Provider Contextは`{ message, style }`という状態を保持しており、この状態が通知内容の情報源です。各Storyは`createDecorator`という高階関数を通じて最小設定で表現できていることがわかります。

▶ リスト8-10　src/components/providers/ToastProvider/Toast/index.stories.tsx

```TypeScript
export const Succeed: Story = {
  decorators: [createDecorator({ message: "成功しました", style: "succeed" })],
};

export const Failed: Story = {
  decorators: [createDecorator({ message: "失敗しました", style: "failed" })],
};

export const Busy: Story = {
  decorators: [createDecorator({ message: "通信中…", style: "busy" })],
};
```

207

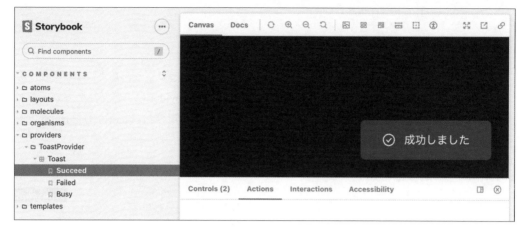

図8-8 「成功しました」の Toast が表示される様子

次のコードがcreateDecorator関数の実装内訳です（リスト8-11）。<ToastProvider>
が提供する情報を<Toast>コンポーネントは表示します。このような高階関数を用意してお
けば、初期値（defaultState）を注入できるというわけです。

▶ リスト8-11　src/components/providers/ToastProvider/Toast/index.stories.tsx

```typescript
import { ComponentMeta, ComponentStoryObj } from "@storybook/react";
import { Toast } from "./";
import { ToastState } from "./ToastContext";
import { ToastProvider } from "./ToastProvider";

function createDecorator(defaultState?: Partial<ToastState>) {
  return function Decorator() {
    return (
      <ToastProvider defaultState={{ ...defaultState, isShown: true }}>
        {null}
      </ToastProvider>
    );
  };
}
```

8-4 Web APIに依存したStoryの登録

Web APIに依存するUIコンポーネントの場合、StoryにもWeb APIが必要です。期待通り表示させるにはWeb APIサーバーを起動していなければいけません。

Storybookをビルドして静的サイトとしてホスティングしたいとき、環境都合でこのAPIリクエスト疎通が叶わないことがあります。こういったUIコンポーネントには、第7章7節「Web APIレスポンスをモックするMSW」で紹介した「MSW」が利用できます。

●アドオンを設定する

StorybookでMSWを使うときは、mswとmsw-storybook-addonをインストールします。

bash

```bash
$ npm install msw msw-storybook-addon --save-dev
```

そして、.storybook/preview.jsでinitialize関数を実行し、MSWを有効にします（リスト8-12）。mswDecoratorも全てのStoryで必要になるので、ここで設定しておきます。

▶ リスト8-12 .storybook/preview.js

JavaScript

```javascript
import { initialize, mswDecorator } from "msw-storybook-addon";

export const decorators = [mswDecorator];

initialize();
```

MSWをプロジェクトにインストールするのがはじめてなら、パブリックディレクトリ（静的アセットディレクトリ）の場所を、以下のコマンドの通りに宣言します（<PUBLIC_DIR>はプロジェクトのパブリックディレクトリ名に置き換えます）。するとmockServiceWorker.jsが生成されるので、このファイルはコミットしておきましょう。

bash

```bash
$ npx msw init <PUBLIC_DIR>
```

Storybookにも、パブリックディレクトリの場所を明記しておきます（リスト8-13）。

▶ リスト8-13　.storybook/main.js

`JavaScript`

```javascript
module.exports = {
  省略（その他mainの指定）
  staticDirs: ["../public"],
};
```

● リクエストハンドラーを変更する

　ほかのparametersと同様、「Global／Component／Story」の3レベル設定を経由し、Storyに使用されるリクエストハンドラーが決まります。

- Globalレベル：全Storyの設定（.storybook/preview.js）
- Componentレベル：Storyファイルごとの設定（export default）
- Storyレベル：Storyごとの設定（export const）

　.storybook/preview.jsには、必要になるものを設定しておきます。

　例えば、全てのStoryでログインユーザー情報が必要になる場合、ログインユーザー情報を返すMSWハンドラーをGlobalレベルで設定しておくとよいでしょう（リスト8-14）。

▶ リスト8-14　.storybook/preview.js

`JavaScript`

```javascript
export const parameters = {
  省略（その他parametersの指定）
  msw: {
    handlers: [
      rest.get("/api/my/profile", async (_, res, ctx) => {
        return res(
          ctx.status(200),
          ctx.json({
            id: 1,
            name: "TaroYamada",
            bio: "フロントエンドエンジニア。TypeScriptと UIコンポーネントのテストに➡
興味があります。",
            twitterAccount: "taro-yamada",
            githubAccount: "taro-yamada",
            imageUrl: "/__mocks__/images/img01.jpg",
            email: "taroyamada@example.com",
```

```
              likeCount: 1,
          })
        );
      }),
    ],
  },
};
```

Storyに適用されるリクエストハンドラーの優先度は「Story ＞ Component ＞ Global」で
すので、同じURLへのリクエストハンドラーをStoryレベルで設定すると、その設定が最優
先で採用されます。共通で設定していたログインユーザー情報のモックレスポンスを書き換
え、未ログイン状態のレスポンスを再現できます（リスト8-15）。

▶ リスト8-15　Storyレベルでリクエストハンドラーを設定

TypeScript

```
export const NotLoggedIn: Story = {
  parameters: {
    msw: {
      handlers: [
        rest.get("/api/my/profile", async (_, res, ctx) => {  ◀──────
          return res(ctx.status(401));
        }),                               設定済みURLのリクエストハンドラーを上書き
      ],
    },
  },
};
```

リクエストハンドラーはStoryごとに独立して設定することができるため「同じコンポーネ
ントでも、Web APIレスポンス次第で表示が異なる」といったケースにも、柔軟に対応でき
ます。エラーレスポンスのHTTPステータスに応じて表示内容が異なるようなケースで活用
できるでしょう。

● 高階関数を用意してリクエストハンドラーをシンプルに

特定Web APIの「URLパスとレスポンス内訳」は不可分なものです。Storyやテストに使
用するにしても、個別にURLを直書きしてしまうと、仕様変更に追従しきれずに機能不全に
陥る懸念が残ります。こういった懸念をぬぐうため、Web APIクライアントとセットで、リ
クエストハンドラー高階関数を定義しておくと便利です。

サンプルコードの「ログイン画面」や「共通レイアウトのヘッダー」は、handleGetMy

第8章 UIコンポーネントエクスプローラー

211

Profileという、リクエストハンドラー高階関数を使用しています。これは、先に紹介した
ログインユーザー情報取得APIのリクエストハンドラーと同等のものが展開されます
（リスト8-16、リスト8-17）。

▶ リスト8-16　未ログイン状態の共通レイアウトヘッダー
　　　　　　　（src/components/layouts/BasicLayout/Header/index.stories.tsx）

```
                                                                       TypeScript
export const NotLoggedIn: Story = {
  parameters: {
    msw: { handlers: [handleGetMyProfile({ status: 401 })] },
    // 以下と同じリクエストハンドラーが展開される        記述がシンプルになる
    // msw: {
    //   handlers: [
    //     rest.get("/api/my/profile", async (_, res, ctx) => {
    //       return res(ctx.status(401));
    //     }),
    //   ],
    // },
  },
};
```

▶ リスト8-17　ログイン画面のStoryファイル（src/components/templates/Login/index.stories.tsx）

```
                                                                       TypeScript
export default {
  component: Login,
  parameters: {
    nextRouter: { pathname: "/login" },
    msw: { handlers: [handleGetMyProfile({ status: 401 })] },
  },
  decorators: [BasicLayoutDecorator],
} as ComponentMeta<typeof Login>;
```

　リクエストハンドラーと高階関数をうまく使うことで、Web APIから取得するデータに依
存するUIコンポーネントでも、端的に設定を行うことができます。実装詳細はサンプルコー
ドをご確認ください。

8-5 Next.js Routerに依存した Storyの登録

UIコンポーネントの中には、特定ページURLでのみ機能するものがあります。story book-addon-next-routerを導入することで、Routerがどういった状況にあるかをStoryごとに設定することができます。

●アドオンを設定する

次のコマンドで必要なモジュールをインストールし、.storybook/main.jsと.story book/preview.jsに設定を施します（リスト8-18、リスト8-19）。

bash

```bash
$ npm install storybook-addon-next-router --save-dev
```

▶ リスト8-18 .storybook/main.js

JavaScript

```javascript
module.exports = {
  ～～  省略（その他mainの指定） ～～
  stories: ["../src/**/*.stories.@(js|jsx|ts|tsx)"],
  addons: ["storybook-addon-next-router"],
};
```

▶ リスト8-19 .storybook/preview.js

JavaScript

```javascript
import { RouterContext } from "next/dist/shared/lib/router-context";

export const parameters = {
  ～～省略（その他parametersの指定）～～
  nextRouter: {
    Provider: RouterContext.Provider,
  },
};
```

● Router に依存した Story 登録の例

　次のStoryは、第7章3節でも解説した共通レイアウトで使用されるヘッダーのStoryです（リスト8-20）。このページナビゲーションはpathname（ブラウザ上のURL）に応じて、現在地を示す装飾（オレンジ色の下線）が施されていることが確認できます（図8-9、図8-10）。

▶ リスト8-20　src/components/layouts/BasicLayout/Header/index.stories.tsx

`TypeScript`

```typescript
export const RouteMyPosts: Story = {
  parameters: {
    nextRouter: { pathname: "/my/posts" },
  },
};

export const RouteMyPostsCreate: Story = {
  parameters: {
    nextRouter: { pathname: "/my/posts/create" },
  },
};
```

図8-9　URLが"/my/posts"のとき

図8-10　URLが"/my/posts/create"のとき

8-6 Play functionを利用した インタラクションテスト

UIコンポーネントはPropsを渡すことで様々な状態を再現できますが、UIにインタラクションを与えることでしか再現できない状態があります。例えば、フォームで値を送信する前にブラウザ上で文字入力内容を検証し、バリデーションエラーを表示するようなケースです。こういったUIの再現には「文字を入力、フォーカスアウト、送信ボタンを押下」といったようなインタラクションが必要になります。Storybookの機能である「Play function」を使用すると、こういったインタラクションを与えた状態を、Storyとして登録できます。

● アドオンを設定する

次のコマンドで必要なモジュールをインストールし、.storybook/main.jsと.storybook/preview.jsに設定を施します（リスト8-21）。

```bash
$ npm install @storybook/testing-library @storybook/jest @storybook/→
addon-interactions --save-dev
```

▶ リスト8-21 .storybook/main.js

```JavaScript
module.exports = {
    省略（その他mainの指定）
  stories: ["../src/**/*.stories.@(js|jsx|ts|tsx)"],
  addons: ["@storybook/addon-interactions"],
  features: {
    interactionsDebugger: true,
  },
};
```

● インタラクションを与える

インタラクションを与えるには、Storyにplay関数（Play function）を設定します。

Testing Library + jsdomで記述するテストコードと同じようにuserEventを使用してUIコンポーネントにインタラクションを与えます。

次のサンプルコードは、記事投稿フォームのStoryです（リスト8-22）。記事タイトル入力要素に「私の技術記事」という文字列を入力しています。

▶ リスト8-22　src/components/templates/MyPostsCreate/PostForm/index.stories.tsx

`TypeScript`

```typescript
export const SucceedSaveAsDraft: Story = {
  play: async ({ canvasElement }) => {
    const canvas = within(canvasElement);
    await user.type(
      canvas.getByRole("textbox", { name: "記事タイトル" }),
      "私の技術記事"
    );
  },
};
```

Testing Libraryで使用するgetByクエリーやuserEventとほぼ同じAPIなので、UIコンポーネントテストを書く感覚で、インタラクションを与えられます。Storybookエクスプローラーで閲覧するとPlay functionは自動再生され、文字が入力されている状態が確認できます（図8-11）。

図8-11　文字入力インタラクションを与えたStory

216

インタラクションが正常に与えられない場合、インタラクションは途中で中断されます。試しに{ name: "記事タイトル" }と書かれている箇所を{ name: "記事見出し" }に変更してみましょう。要素が見つからず、アドオンパネルに警告「FAIL」が表示される様子が確認できます（図8-12）。

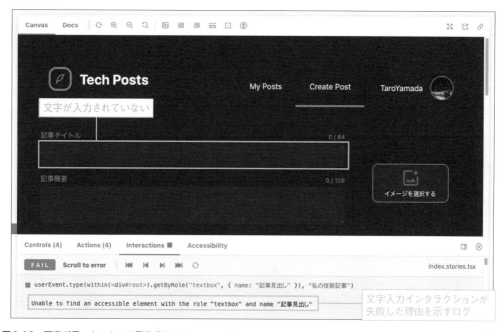

図8-12　要素が見つからないと警告表示されているパネル

● アサーションを書く

　@storybook/jestのexpect関数を使用すると、UIコンポーネントにインタラクションを与えた状態で、アサーションを書くことができます。先ほどと同じ記事投稿フォームの、別のStoryを見てみましょう（リスト8-23）。

▶ **リスト8-23　src/components/templates/MyPostsCreate/PostForm/index.stories.tsx**

`TypeScript`

```typescript
export const SavePublish: Story = {
  play: async ({ canvasElement }) => {
    const canvas = within(canvasElement);
    await user.type(
      canvas.getByRole("textbox", { name: "記事タイトル" }),
      "私の技術記事"
```

```
    );
    await user.click(canvas.getByRole("switch", { name: "公開ステータス" }));
    await expect(
      canvas.getByRole("button", { name: "記事を公開する" })
    ).toBeInTheDocument();
  },
};
```

「公開ステータス」のトグルスイッチをクリックすると、ボタン文言が「下書き保存する」から「記事を公開する」に切り替わります（図8-13）。

図8-13　公開ステータス変更でボタン文言が変わった様子

　もう1つ別のStoryを見てみましょう（リスト8-24）。何も入力せずに「下書き保存」しようとしたところ、バリデーションエラーが発生して、エラーが表示される様子が確認できます（図8-14）。waitForAPIを使用した書き方も、Testing Library + jsdomと同じです。アサーションに失敗した場合も同様に、アドオンパネルに警告が表示されます。

▶ リスト8-24　src/components/templates/MyPostsCreate/PostForm/index.stories.tsx

TypeScript

```typescript
export const FailedSaveAsDraft: Story = {
  play: async ({ canvasElement }) => {
    const canvas = within(canvasElement);
    await user.click(canvas.getByRole("button", { name: "下書き保存する" }));
    const textbox = canvas.getByRole("textbox", { name: "記事タイトル" });
    await waitFor(() =>
      expect(textbox).toHaveErrorMessage("1文字以上入力してください")
    );
  },
};
```

図8-14　バリデーションエラー時の様子

　このようにPlay Functionを使用することで、Storybookでインタラクションテストを書くことができます。

8-7 addon-a11yを利用した アクセシビリティテスト

　アクセシビリティを向上する施策としてStorybookを活用すると、コンポーネント単位での
アクセシビリティ検証が容易になります。Storybookを確認しながらコーディングすること
で、アクセシビリティ上の懸念点を早期に発見することができます。

● アドオンを設定する

　@storybook/addon-a11yアドオンを追加することで、Storybookエクスプローラー上で、
アクセシビリティ上の懸念点が可視化されます。@storybook/addon-a11yをインストール
し、.storybook/main.jsに設定を施します（リスト8-25）。

bash
```bash
$ npm install @storybook/addon-a11y --save-dev
```

▶ リスト8-25 .storybook/main.js

JavaScript
```javascript
module.exports = {
    省略（その他mainの指定）
    stories: ["../src/**/*.stories.@(js|jsx|ts|tsx)"],
    addons: ["@storybook/addon-a11y"],
};
```

　parameters.a11yにこのアドオンの設定を施します。ほかのparametersと同様「Global／
Component／Story」の3レベル設定を適用できます。

- Global レベル：全 Story の設定（.storybook/preview.js）
- Component レベル：Story ファイルごとの設定（export default）
- Story レベル：Story ごとの設定（export const）

● アクセシビリティ上の懸念点を確認する

　アドオンパネルに追加された「Accessibility」パネルを開くと「Violations（赤）／Passes
（緑）／Incomplete（黄）」に区分された検証内容が報告されます。Violationsが違反、

220

Incompleteが修正すべき指摘事項です。

　それぞれのタブを開くと、指摘事項の内訳とガイドラインが表示されています（図8-15）。そして「Highlight results」チェックボックスを押下すると、指摘箇所が赤い点線で囲われ、ハイライトされます。この報告内容をもとに、アクセシビリティ改善に取り組むことができます。

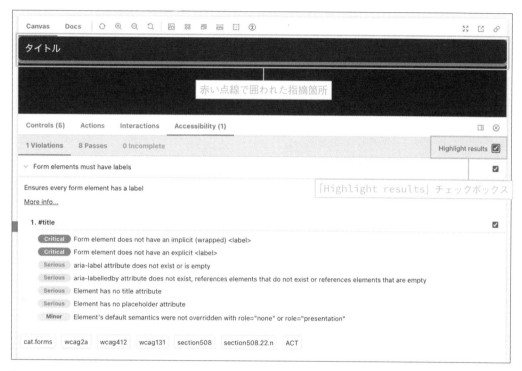

図8-15　Accessibilityアドオンパネル

● 一部のルール違反を無効化する

　ルールが厳しいと感じたり、報告内容が望まないものの場合「一部を無効化したい」という要望が出てきます。この無効化は「全体／Storyファイル単位／Story単位」で設定ができます。

　次の例は、サンプルコード「src/components/atoms/Switch/index.stories.tsx」の<Switch>コンポーネントのStoryです（リスト8-26）。この段階では、アドオンの設定は与えていません。アドオンパネルを確認すると、Violationsとして「Form elements must have labels」つまり「フォーム要素は<label>要素とともに実装しなければいけない」というルール違反報告が確認できます（図8-16）。

しかし、このUIコンポーネントは一番小さな要素として作っているものなので、`<label>`要素を含めたStory登録は望みません。これは無効化を適用すべきシーンです。

▶ リスト8-26　どうしてもアクセシビリティルール違反になってしまうStory

TypeScript

```typescript
export default {
  component: Switch,
} as ComponentMeta<typeof Switch>;

export const Default: Story = {};
```

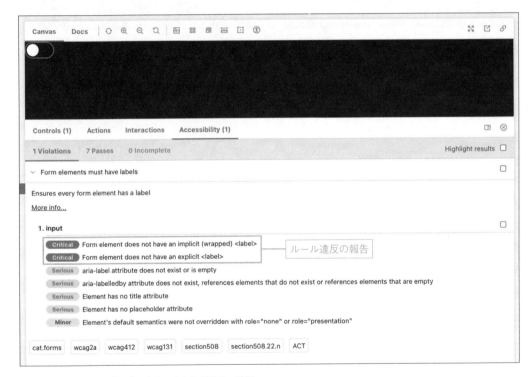

図8-16　Switchコンポーネントのアクセシビリティ違反

アプリケーションでこの`<Switch>`コンポーネントを使用するときは`<label>`要素とともに使用する想定なので「全体適用したくはないが、このコンポーネントのStoryのみルールを無効にしたい」というのが正確な意図です。そのため、Story ファイル単位でルールを無効化する`export default`の`parameters`に設定を追加します（リスト8-27）。

▶ リスト8-27　コンポーネント単位でアクセシビリティルールを無効化

```typescript
export default {
  component: Switch,
  parameters: {
    a11y: {
      config: { rules: [{ id: "label", enabled: false }] },
    },
  },
} as ComponentMeta<typeof Switch>;

export const Default: Story = {};
```

rulesに含まれるルールID（この例では`"label"`）は「axe-core」のRule Descriptionsを参照し、該当するルールを見つけて適用しましょう。

- axe-core Rule Descriptions

  URL https://github.com/dequelabs/axe-core/blob/develop/doc/rule-descriptions.md

addon-a11yとaxe-core

このアドオンは、アクセシビリティ検証ツールである「axe」を使用しています。そのため、細かな設定やパラメーターについては、axe-coreのドキュメントを参照してください。

●アクセシビリティ検証を無効化する

アクセシビリティ検証そのものを無効化したい場合、`parameters.a11y.disable`を`true`に設定します（リスト8-28）。ルールの一部無効化とは異なり、そもそも検証対象外となるため、本当に適用すべきかは慎重に検討しましょう。

▶ リスト8-28　アクセシビリティ検証そのものを無効化

```typescript
export default {
  component: Switch,
  parameters: {
    a11y: { disable: true },
  },
} as ComponentMeta<typeof Switch>;

export const Default: Story = {};
```

8-8 Storybook の Test runner

Storybook の Test runner は、Story を実行可能な「テスト」へと変換します。テストに変換された Story は、Jest と Playwright によって実行されます。この機能により、Storybook のスモークテスト[※8-2] を実施できます。ここまでで解説した「Play function が正常に完了するか」「アクセシビリティ違反がないか」という観点もテストに含まれるため、UI コンポーネントのテストとして活用することもできます。

● Test runner による通常の自動テスト

一度登録した Story は、UI コンポーネント実装の変更に追従しなければいけません。例えば UI コンポーネントの Props を変更したときや、依存する Web API のデータが変更されたとき、登録済みの Story が気づかないうちに「壊れて」しまうことがあります。

@storybook/test-runner を使用し、CLI や CI で Test runner を実行すれば、登録されている Story が壊れていないかを検証できます。はじめに、次のコマンドで Test runner をインストールします。

bash

```bash
$ npm install @storybook/test-runner --save-dev
```

npm script にテストランナー実行のスクリプトを登録しておけば、すぐに利用できます（リスト 8-29）。プロジェクトに Storybook を導入しているなら、登録しておくと便利です。

▶ リスト 8-29　package.json

json

```json
{
  "scripts": {
    "test:storybook": "test-storybook"
  }
}
```

※ 8-2　壊れていないか／動作する状態にあるかどうかを、ざっくり検証するテストのことです。

●Test runnerによるPlay functionの自動テスト

　Play functionを登録しているStoryの場合、UIコンポーネントの変更に追従できず、インタラクションが途中で失敗してしまうことがあります。Test runnerは、Play functionが登録されているStoryの場合「インタラクションがエラーなく最後まで完了したか?」を検証します。

　試しに、共通レイアウトのヘッダーコンポーネントに変更を加えて、テストが失敗するか実験してみましょう（リスト8-30）。このUIコンポーネントはモバイルレイアウトに限り、ドロワーメニューが表示されます。ボタン押下でドロワーメニューを開くインタラクションが、Storyに登録されています。

▶ リスト8-30　src/components/layouts/BasicLayout/Header/index.stories.tsx

TypeScript

```typescript
export const SPLoggedInOpenedMenu: Story = {
  storyName: "SPレイアウトでドロワーメニューを開ける",
  parameters: {
    ...SPStory.parameters,
    screenshot: {
      ...SPStory.parameters.screenshot,
      delay: 200,
    },
  },
  play: async ({ canvasElement }) => {
    const canvas = within(canvasElement);
    const button = await canvas.findByRole("button", {
      name: "メニューを開く",
    });
    await user.click(button);
    const navigation = canvas.getByRole("navigation", {
      name: "ナビゲーション",
    });
    await expect(navigation).toBeInTheDocument();
  },
};
```

　次のようにaria-label="ナビゲーション"をaria-label="メニュー"に変更して（意図的に壊して）みましょう（リスト8-31）。

▶ リスト8-31　/src/components/layouts/BasicLayout/Header/Nav/index.tsx

`TypeScript`

```tsx
export const Nav = ({ onCloseMenu }: { onCloseMenu: () => void }) => {
  const { pathname } = useRouter();
  return (
    // 「ナビゲーション」を「メニュー」に変更してTest runnerを実行する
    <nav aria-label="メニュー" className={styles.nav}>
      <button
        aria-label="メニューを閉じる"
        className={styles.closeMenu}
        onClick={onCloseMenu}
      ></button>
      <ul className={styles.list}>
        <li>
          <Link href={`/my/posts`} legacyBehavior>
            <a
              {...isCurrent(
                pathname.startsWith("/my/posts") &&
                  pathname !== "/my/posts/create"
              )}
            >
              My Posts
            </a>
          </Link>
        </li>
        <li>
          <Link href={`/my/posts/create`} legacyBehavior>
            <a {...isCurrent(pathname === "/my/posts/create")}>Create Post</a>
          </Link>
        </li>
      </ul>
    </nav>
  );
};
```

　開発環境でStorybookを起動しておき、`npm run test:storybook`を実行したら、期待
通りテストが失敗するはずです。この例は単純ですが、混み入ったインタラクションを与えて
テストを書きたい場合、Testing Library + jest-domで書くよりも「目視による確認」ができ
るため、テストコードをずっと楽に書くことができます。この書きやすさ（認知しやすさ）
は、Storybookを活用したテストならではの利点でしょう。

Viewportの設定が反映されない課題の回避策

執筆時点（2023年3月）で、Storyごとに設定したViewportsがTest runnerで適用されない問題が報告されています（https://github.com/storybookjs/test-runner/issues/85）。この課題への回避策として、サンプルコードではissueにならい.storybook/test-runner.jsに次の設定を施しています（リスト8-32）。

▶ リスト8-32　.storybook/test-runner.js

```javascript
module.exports = {
  async preRender(page, context) {
    if (context.name.startsWith("SP")) {
      page.setViewportSize({ width: 375, height: 667 });
    } else {
      page.setViewportSize({ width: 1280, height: 800 });
    }
  },
};
```

SPではじまるStoryのViewportを一律SP固定サイズに変更する

それ以外のStoryのViewportを一律PC固定サイズに変更する

Story名称が**SP**ではじまるものを一律「幅375px、高さ667px」で、それ以外のStoryは「幅1280px、高さ800px」でViewportを書き換えています。これはあくまで一時的な処方箋であり、あまりよい回避策ではありません。このワークアラウンドを知らない開発メンバーが、うっかりSPでStory登録してしまったら「なぜかテストがうまくパスしない」といった疑問に遭遇するかもしれません。

● Test runnerによるアクセシビリティの自動テスト

StorybookのTest runnerは、Playwrightとヘッドレスブラウザで実行されます。そのため、PlaywrightのエコシステムをTest runnerに利用することができます。axe-playwrightは、アクセシビリティ検証ツールであるaxeを使用したライブラリで、アクセシビリティの課題を検出することができます。

```bash
$ npm install axe-playwright --save-dev
```

Test runnerの設定ファイルである.storybook/test-runner.jsに、axe-playwrightの設定を施します（リスト8-33）。

第8章　UIコンポーネントエクスプローラー

227

`JavaScript`

```javascript
const { getStoryContext } = require("@storybook/test-runner");
const { injectAxe, checkA11y, configureAxe } = require("axe-playwright");

module.exports = {
  async preRender(page, context) {
    if (context.name.startsWith("SP")) {
      page.setViewportSize({ width: 375, height: 667 });
    } else {
      page.setViewportSize({ width: 1280, height: 800 });
    }
    await injectAxe(page);  // ← axeを使用した検証のセットアップ
  },
  async postRender(page, context) {
    const storyContext = await getStoryContext(page, context);
    if (storyContext.parameters?.a11y?.disable) {
      return;
    }
    await configureAxe(page, {
      rules: storyContext.parameters?.a11y?.config?.rules,
    });
    await checkA11y(page, "#root", {  // ← axe を使用した検証
      includedImpacts: ["critical"],  // ← `Violations`相当のエラーのみを計上
      detailedReport: false,
      detailedReportOptions: { html: true },
      axeOptions: storyContext.parameters?.a11y?.options,
    });
  },
};
```

　デフォルトではIncompleteもエラーとして計上されます。エラーが多すぎる場合、includedImpactsにcriticalのみを設定すると、Violations相当のエラーのみが計上されるようになります。このように警告レベルを調整することで、段階的に改善する場合に活用できます。

8-9 Storyを結合テストとして再利用する

　JestによるテストだけでなくStoryもコミットするとなると、運用コストが気にかかるところです。どちらもコミットしつつ運用コストを抑えるアプローチに「Storyを結合テストとして再利用する」というものがあります。プロジェクトでどちらもコミットするのならば、本節で紹介する「再利用」を検討してみてください。

● Storyを再利用するとは

　UIコンポーネントのテストは、検証を行う前に「**状態の準備**」が必要です。実はその準備はStoryを用意することとほとんど同じです。これがどういうことか、見ていきましょう。次のStoryはAlertDialogのものです（リスト8-34）。第8章3節で解説したUIコンポーネントと同じく、Context APIに依存したUIコンポーネントです。Storyを登録しやすくするため、専用のcreateDecorator関数を用意しています。

▶ リスト8-34　src/components/organisms/AlertDialog/index.stories.tsx

```TypeScirpt
// Story 登録専用の createDecorator 関数
function createDecorator(defaultState?: Partial<AlertDialogState>) {
  return function Decorator(Story: PartialStoryFn<ReactFramework, Args>) {
    return (
      <AlertDialogProvider defaultState={{ ...defaultState, isShown: true }}>
        <Story />
      </AlertDialogProvider>
    );
  };
}
// 実際に登録する Story
export const Default: Story = {
  decorators: [createDecorator({ message: "成功しました" })],
};
```

　このUIコンポーネントはAlertDialogProviderに依存していますが、createDecorator関数があれば初期値の注入ができるので、様々なバリエーションのStoryが端的に登録できます。このサンプルではほかにも、2種類のStoryを登録しています（リスト8-35）。

```typescript
export const CustomButtonLabel: Story = {
  decorators: [
    createDecorator({
      message: "記事を公開します。よろしいですか？ ",
      cancelButtonLabel: "キャンセル",
      okButtonLabel: "OK",
    }),
  ],
};
export const ExcludeCancel: Story = {
  decorators: [
    createDecorator({
      message: "投稿に成功しました",
      cancelButtonLabel: undefined,
      okButtonLabel: "OK",
    }),
  ],
};
```

　このUIコンポーネントはContext APIに依存、つまりAlertDialogProviderがなければ成立しません。これはテストにもいえることで、第7章2節で解説しているように、テストのrenderでは都度AlertDialogProviderを用意しなければなりません。これが冒頭で述べた**「状態の準備」**です。登録したStoryではcreateDecorator関数を使用して準備が整っているのに、テストでも同じように準備をし直すのは「なんだか作業が重複しているのではないか？」と感じることでしょう。Storyを再利用するとは**「準備の整ったStoryをテスト対象とする」**アプローチにほかなりません。

● Storyをimportしてテスト対象とする

　テストにStoryをimportする（再利用する）ためには、専用ライブラリの@storybook/testing-reactを使用します。

```bash
$ npm install --save-dev @storybook/testing-react
```

　まず、次のテストファイル3行目のようにStoryファイルを読み込みます（リスト8-36）。そしてcomposeStories(stories)と宣言するだけで、テストの準備が完了します。Storyをrenderした直後にアサーションが書けているため「Storyはテストの一部である」というように捉えることもできます。

▶ リスト8-36　src/components/organisms/AlertDialog/index.test.tsx

JestのテストにStoryファイルを読み込む

TypeScirpt

```typescript
import { composeStories } from "@storybook/testing-react";
import { render, screen } from "@testing-library/react";
import * as stories from "./index.stories";
const { Default, CustomButtonLabel, ExcludeCancel } = composeStories(stories);
describe("AlertDialog", () => {
  test("Default", () => {
    render(<Default />);                                    // Storyをrender
    expect(screen.getByRole("alertdialog")).toBeInTheDocument();
  });
  test("CustomButtonLabel", () => {
    render(<CustomButtonLabel />);                          // Storyをrender
    expect(screen.getByRole("button", { name: "OK" })).toBeInTheDocument();
    expect(screen.getByRole("button", { name: "CANCEL" })).toBeInTheDocument();
  });
  test("ExcludeCancel", () => {
    render(<ExcludeCancel />);                              // Storyをrender
    expect(screen.getByRole("button", { name: "OK" })).toBeInTheDocument();
    expect(
      screen.queryByRole("button", { name: "CANCEL" })
    ).not.toBeInTheDocument();
  });
});
```

● @storybook/test-runner との違いについて

　「テストとStoryの登録を一度に行い、工数を削減しよう」というアプローチは、前節（第8章8節）で解説した、Test runnerによるもの（StoryのPlay functionにアサーションを書くもの）と似ています。どちらが適しているかは、テストの目的や甲乙を比較して決定するとよいでしょう。

JestでStoryを再利用するほうが優れている点

- モジュールモックやスパイが必要なテストが書ける（Jestのモック関数を使用）
- 実行速度が速い（ヘッドレスブラウザを使用しない）

Test runnerのほうが優れている点

- テストファイルを別途用意しなくてもよい（工数が少ない）
- 忠実性が高い（ブラウザを使用するのでCSS指定が再現される）

■第 **9** 章▼

ビジュアルリグレッション
テスト

9-1 ビジュアルリグレッションテストの必要性

　本節では、ビジュアルリグレッションテスト（Visual Regression Test、VRT）がなぜ必要なのか、なぜUIコンポーネントごとに実施する必要があるのかを明らかにします。

● スタイル変化を検知することの難しさ

　CSSによるスタイル定義は、積み重ねられたプロパティから算出されます。適用されるプロパティは「詳細度」や「読み込み順」で決まるだけでなく、グローバル定義の影響を受けます。そのため「見た目の変化」は、ブラウザ越しに目視で確認する必要がありますが、全てのページで影響が及んでいないかどうか、判断するのは至難の業です。すでにある定義を変更／削除することには、意図せぬリグレッションを引き起こす可能性がつきまといます。この対処としてとり得るのは「すでにある定義には触れない」という、ネガティブなアプローチです。リファクタリングに取り組めない不健全なCSS定義は、その場しのぎの積み重ねになってしまいます。

　SPAは、小さな共通UIコンポーネントから画面を構築することが基本です。UIコンポーネントを組み上げて画面構築するフローは、ブロックを組み上げる様相と近しく「コンポーネント指向」と呼ばれています。コンポーネント指向はロジックの一元管理だけでなく、繰り返しになり得るスタイル定義を一元管理することができます。画面構築に規律をもたらす一方で、多くの画面は多くの共通UIに依存することになります。つまり、共通UIのスタイル変更は、多くの画面に影響を及ぼすことになります。コンポーネント指向だからといって、CSSリファクタリングの難しさは依然として残ります。

● 見た目のリグレッションはスナップショットテストで防げない？

　第5章8節の「スナップショットテスト」は、見た目のリグレッションを検知する1つの選択肢です。見た目を決定する「class」属性の違いが発生すれば、見た目の影響に気づけます。しかし、この対策だけでは十分ではありません。先に述べたようにCSSのグローバル指定が存在していた場合、グローバル指定の変化はスナップショットテストには現れません。「単体テストで見つからなかった問題が、結合テストで明るみになった」という事象と同じことです。

　また、CSS Modulesを使用している場合、CSSの指定内容はスナップショットテストには現れません。HTML出力結果を比較するスナップショットテストでは、十分ではないといえます。

```
exports[`Snapshot`] = `
<div>
  <select
    class="module"  ←──────────  CSS指定内容は検証できない
    data-theme="dark"
    data-variant="medium"
  />
</div>
`;
```

● ビジュアルリグレッションテストという選択肢

　一番信頼できるのは、実際にブラウザにレンダリングして確認することです。テスト対象をブラウザにレンダリングし「画像キャプチャ」を撮るとどうでしょうか？　ある時点からある時点までの「画像キャプチャ」を比較し、その差分をピクセル単位で検出することもできます。これがビジュアルリグレッションテストの概要です。

　ビジュアルリグレッションテストは、Chromiumなどのブラウザをヘッドレスモードで動作させることで実施します。ヘッドレスブラウザはE2Eテスティングフレームワークに同包されていることがほとんどで、E2Eテスティングフレームワークの標準機能としてビジュアルリグレッションテスト機能を持つことが多いです。このとき比較するのが「ページ単位のキャプチャ」です。ヘッドレスブラウザで画面をリクエストし、画面への遷移が完了した段階で画面キャプチャを撮ります。全てのページ画面のキャプチャを撮っておくことで、スタイルを変更した前後の差分を検出することができます。

　スタイルの変更を加える前後の画像を比較すれば、どの画面に影響が及んだのかを検出することができます。しかし、その比較は非常に大まかなものです。例えば、共通UIである「見出し」の余白を変更したとします。この見出しが画面上部に配置されていた場合、見出しより下は全て差分として検出されます。もし画面に「見出し以外」の変更が含まれていた場合、その差分を見つけることは困難でしょう（図9-1）。

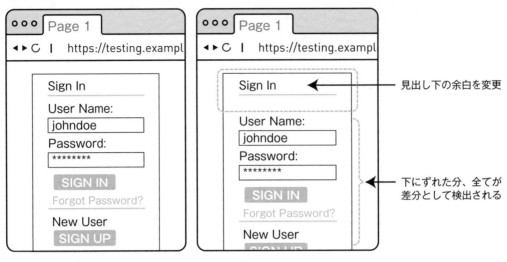

図9-1　差分が不明瞭なビジュアルリグレッションテスト結果

　この課題に対し効果的なのが「UIコンポーネント単位」のビジュアルリグレッションテストです。画像キャプチャがUIコンポーネント単位であった場合、影響の及んだ「中粒度のUIコンポーネント」を検出できます。これにより、ボタンが配置されている場所から下のエリアであっても、差分を検出することができます。このビジュアルリグレッションテスト基盤を支えるのが、第8章で紹介した「Storybook」です。小粒度のUIコンポーネント、中粒度のUIコンポーネントをStoryとして登録しておくことで、コンポーネントエクスプローラーの枠を超え、ビジュアルリグレッションテスト基盤として活用することができます。

9-2 reg-cliで画像比較をする

　前節までで、Storybookがビジュアルリグレッションテストのプラットフォームになり得ることを紹介しました。本書ではビジュアルリグレッションテストフレームワーク「reg-suit」を使用した解説を行いますが、AWS S3のような実際のバケットを使用せずとも、ローカルでもビジュアルリグレッションテストができます。はじめに、reg-suitのコア機能「reg-cli」を利用して画像比較を体験します。

● ディレクトリを用意する

練習用のディレクトリとしてvrtというディレクトリを作成します。その中にreg-cliに必要な3つのディレクトリactual,expected,diffを作成します。

```bash
$ mkdir vrt && cd vrt
$ mkdir {actual,expected,diff}
```

reg-cliは「比較元と比較先」のディレクトリを指定し、そこに含まれる画像の有無／差分の有無を検出します。actual,expected,diffという命名は自由ですがactual,expectedディレクトリを比較した結果がdiffに出力されるという構成です。

- actual：比較元の画像ディレクトリ
- expected：比較先の画像ディレクトリ
- diff：検出された差分画像ディレクトリ

● 新しい画像を検出する

画像比較のためサンプル画像を用意しましょう。ここでは、reg-cliリポジトリにあるサンプル画像を使用します（図9-2）。

URL https://github.com/reg-viz/reg-cli/blob/master/sample/actual/sample.png

図9-2 差分比較のためのサンプル画像

この画像をactual/sample.pngに格納して、次のコマンドを実行してみましょう。すると、**比較先の「expected」ディレクトリに存在しない画像が1件見つかった**、という旨のレポートが出力されます。

```bash
$ npx reg-cli actual expected diff -R index.html
+ append   actual/sample.png
+ 1 file(s) appended.
```

-Rオプションで指定したHTMLレポートファイルを開くと、以下のようなエクスプローラー画面が確認できます（図9-3）。reg-cli/reg-suitは、Webブラウザに表示されるこのエクスプローラーを使用し、画像の差分を確認していきます。

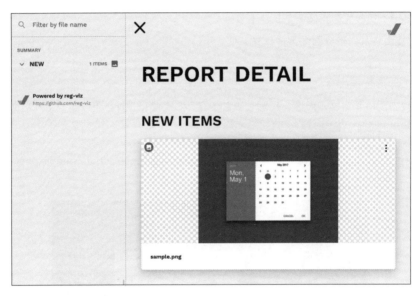

図9-3　reg-suitの初期画面

● 画像差分を作り、比較する

画像差分を意図的に与え、どのように差分検知されるかを確認していきましょう。まず、actual/sample.pngの画像をexpected/sample.pngに複製します。そして、expected/sample.pngを画像編集ソフトで開き、画像を意図的に改変します。

再度reg-cliコマンドを実行してみると、今度は**比較先の「expected」ディレクトリと差分のある画像が1件見つかった**、という旨のレポートが出力されます。

```bash
$ npx reg-cli actual expected diff -R index.html
✘   change   actual/sample.png
✘   1 file(s) changed.
Inspect your code changes, re-run with `-U` to update them.
```

HTMLレポートファイルを読み込み直すと、先ほどとは異なる画面が表示されました。差分検出された箇所が「赤く」塗りつぶされている様子が確認できます（図9-4）。

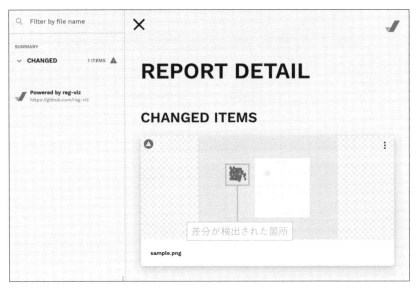

図9-4　差分検出時の画面

　このアイテムをクリックすると、次のような差分比較画面が表示されます。意図的な改変では「Mon,May 1」という文字位置をずらしており、その箇所が「赤枠」で囲われていることが確認できます（図9-5）。「Diff／Slide／2up／Blend／Toggle」という切り替えボタンを押下したり、中央のスライダー位置を動かして、どのような差分が発生したのかを確認してみましょう。

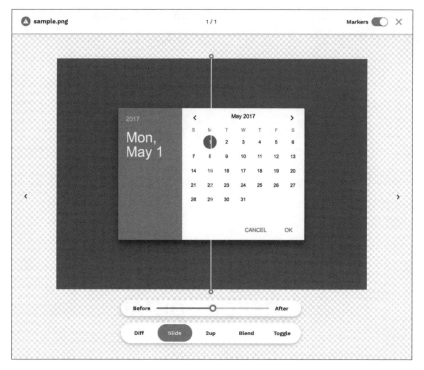

図9-5 検出した差分の詳細

　紹介したようにreg-cliは2つのディレクトリを比較し、その差分をレポート出力します。CI環境で画像ディレクトリをダウンロードしたり、レポートをアップロードする機能はreg-suitに統合されています。こちらは後の第9章4節で解説します。

9-3 Storycap の導入

　第8章1節「Storybookの基本」で作成したStorybookの初期サンプルを使って、Storybookのビジュアルリグレッションテストを体験してみましょう。まずStorycapをインストールします。Storycapは、Storybookに登録したStoryの画像キャプチャを撮るツールです。reg-suitを中心としたエコシステム「reg-viz」のうちの1つですが、reg-suitのプラグインとは異なるため、別途インストールします。

```bash
$ npm install storycap --save-dev
```

● Storycapを設定する

Storycapに必要な設定を、Storybookの設定ファイルに施していきます。変更が必要なファイルは、次の2箇所です（リスト9-1、リスト9-2）。この状態で、プロジェクトに存在する全てのStoryファイル及び登録されているStoryが「キャプチャ対象＝ビジュアルリグレッションテスト対象」となります。

▶ リスト9-1　.storybook/preview.js

```javascript
import { withScreenshot } from "storycap";
export const decorators = [withScreenshot];
```

▶ リスト9-2　.storybook/main.js

```javascript
module.exports = {
  addons: [
    省略（その他addonsの指定）
    "storycap",
  ],
};
```

● Storycapを実行する

Storyのキャプチャを撮る前に、事前にStorybookをビルドしておきます。これまでnpm run storybookで起動していたStorybookは、開発サーバーに相当します。開発サーバーでもStorycapは実行できますが、ビルド済みのStorybookのほうがレスポンスが早いため、事前ビルドをします。次のnpm scriptsを登録した上で、npm run storybook:buildでビルドを実行します（リスト9-3）。

▶ リスト9-3　package.json

```json
{
        中略
  "scripts": {
    "storybook:build": "build-storybook",
    "storycap": "storycap --serverCmd \"npx http-server storybook-static -p →
```

第9章　ビジュアルリグレッションテスト

```bash
6006\" http://localhost:6006"
  }
}
```

npm run storycapを実行すると、ビルドしたStorybookが静的サイトとして起動し、全てのStoryキャプチャがはじまります。Storybookの初期サンプルには8つのStoryが含まれています。

```bash
info Screenshot stored: __screenshots__/Example/Button/Secondary.png ➡
in 477 msec.
info Screenshot stored: __screenshots__/Example/Button/Large.png in 479 msec.
info Screenshot stored: __screenshots__/Example/Button/Default.png in 493 msec.
info Screenshot stored: __screenshots__/Example/Button/Small.png in 493 msec.
info Screenshot stored: __screenshots__/Example/Header/Logged Out.png ➡
in 163 msec.
info Screenshot stored: __screenshots__/Example/Header/Logged In.png ➡
in 182 msec.
info Screenshot stored: __screenshots__/Example/Page/Logged Out.png ➡
in 207 msec.
info Screenshot stored: __screenshots__/Example/Page/Logged In.png in 222 msec.
info Screenshot was ended successfully in 47912 msec capturing 8 PNGs.
✦  Done in 48.84s.
```

完了すると、__screenshots__ディレクトリにStoryのキャプチャ画像が格納されます。この時点でのキャプチャ画像を「期待値」として、__screenshots__ディレクトリをexpectedに改名しておきましょう。

```bash
$ mv __screenshots__ expected
```

● 意図的にビジュアルリグレッションを作る

ビジュアルリグレッションが発生するように、CSSファイルを改変しましょう。次のCSSファイルは、どのStoryにも使用されているボタンコンポーネントのCSSです。border-radius: 3em;をコメントアウトし、角丸を取り除きます（リスト9-4）。

242

▶ リスト9-4　stories/button.css

```css
.storybook-button {
  font-family: "Nunito Sans", "Helvetica Neue", Helvetica, Arial, sans-serif;
  font-weight: 700;
  border: 0;
  /* border-radius: 3em; */  ◀─────────────────────────── コメントアウトする
  cursor: pointer;
  display: inline-block;
  line-height: 1;
}
```

　改変が完了したらStorybookを再ビルドします。そしてもう一度、Storyキャプチャを撮り直します。スタイル変更がされた状態のStoryキャプチャが__screenshots__に格納されました。このディレクトリをactualに改名しておきましょう。

```bash
$ npm run storybook:build
$ npm run storycap
$ mv __screenshots__ actual
```

●reg-cliで画像差分を検出する

　ここまで準備ができたら、前節で実行したようにreg-cliで画像差分を検出します。

```bash
$ npx reg-cli actual expected diff -R index.html
```

　すると、8つのStory全てで差分が検出されました。

```bash
✘  change   actual/Example/Button/Default.png
✘  change   actual/Example/Page/Logged Out.png
✘  change   actual/Example/Page/Logged In.png
✘  change   actual/Example/Header/Logged Out.png
✘  change   actual/Example/Header/Logged In.png
✘  change   actual/Example/Button/Small.png
✘  change   actual/Example/Button/Secondary.png
✘  change   actual/Example/Button/Large.png

✘  8 file(s) changed.
```

```
Inspect your code changes, re-run with `-U` to update them.
```

　HTMLレポートを開き、差分を確認してみましょう。ボタンの角丸がなくなっており、全
てのコンポーネントに影響が及んでいることが確認できます（図9-6）。このほか、Storybook
の初期サンプルに色々な改変を加えてみて、差分を検出してみてください。

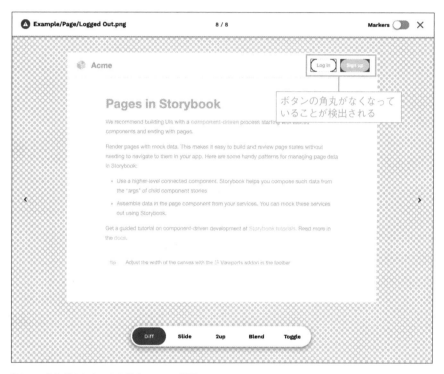

図9-6　ボタンの角丸がとれたことを検出している様子

　本節では意図的にCSSを改変し、Storybookを使用したビジュアルリグレッションテストの
概要を体験しました。実際に活用するシーンでは「CSS修正に伴う意図しない影響」が検出で
きるようになります。Story単位でキャプチャを撮るため、Storybookが拡充しているほど効
果が期待できます。

9-4 reg-suitを導入する

　前節まではreg-cliを使用し、ローカル環境でビジュアルリグレッションテストを実施していました。本節からはビジュアルリグレッションテストを自動化し、GitHub連携するところまでを解説します。GitHub連携すると、リポジトリにpushする度に[*9-1]トピックブランチのStorybookキャプチャ比較が実施されるので、加えようとする変更でどのような画像差分が発生するのか、自動でレポートを受けることができるようになります（図9-7）。

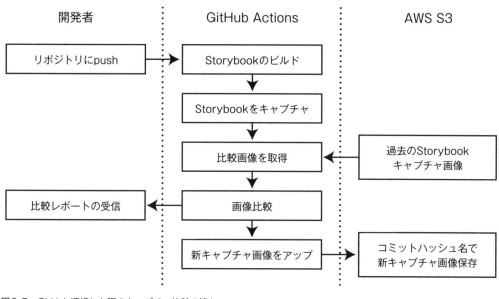

図9-7　GitHub連携した際のキャプチャ比較の流れ

※9-1　サンプルではpushする度に実施されるよう設定していますが、実施されるタイミングは自由に設定できます。

● reg-suitの導入

プロジェクトリポジトリのルートに移動し、npx reg-suit initを実行します（reg-suit
を開発環境にグローバルインストールしている場合、reg-suit initでも構いません）。

```bash
$ cd path/to/your/project
$ npx reg-suit init
```

すると、どのプラグインを導入するかが質問されます。デフォルトで選択されている3つを
選択したまま、エンターキーを押下します。

```bash
? Plugin(s) to install (bold: recommended) (Press <space> to select, ⇒
<a> to toggle all, <i> to invert selection, and <enter> to proceed)
>◉  reg-keygen-git-hash-plugin : Detect the snapshot key to be compare with ⇒
using Git hash.
 ◉  reg-notify-github-plugin : Notify reg-suit result to GitHub repository
 ◉  reg-publish-s3-plugin : Fetch and publish snapshot images to AWS S3.
 ○  reg-notify-chatwork-plugin : Notify reg-suit result to Chatwork channel.
 ○  reg-notify-github-with-api-plugin : Notify reg-suit result to GHE ⇒
repository using API
 ○  reg-notify-gitlab-plugin : Notify reg-suit result to GitLab repository
 ○  reg-notify-slack-plugin : Notify reg-suit result to Slack channel.
```

これらのプラグインは、任意のCI環境にreg-suitを導入する便利なプラグインです。reg-
keygen-git-hash-pluginとreg-publish-s3-pluginは、リモート環境で画像比較を
実施するためのプラグインです。コミットハッシュ値で命名された「スナップショット一式／
検証結果レポート」を、外部ファイルストレージサービス（AWS S3）に転送します。トピッ
クブランチのソースである親のコミットを自動検出、そのコミット時点のスナップショット一
式を期待値とし、コミット間の画像差分を検出します（図9-8）。

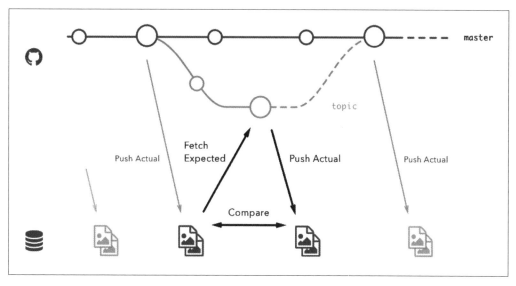

図9-8　コミット間の差分画像比較※9-2

　外部ファイルストレージサービスはAWS S3のほかにも、Google Cloud Storage（GCS）と
すぐに連携できるプラグインも選択できます。
　検証結果をプルリクエストに通知する`reg-notify-github-plugin`があれば、普段の
ワークフローにビジュアルリグレッションテストが導入できます。ほかにも、GitLabプロ
ジェクト用の通知プラグイン、チャットツールに通知するプラグインが提供されています。

● reg-suit設定ファイルの出力
　続いて、いくつか質問に答えていきます。

`bash`

```
# デフォルトの.regでエンターキーを押下
? Working directory of reg-suit. .reg
# Storycap出力先である__screenshots__を指定
? Directory contains actual images. __screenshots__
# 画像比較の閾値を0から1の間で指定。一旦デフォルト値のまま`0`でエンターキー押下
? Threshold, ranges from 0 to 1. Smaller value makes the comparison more
sensitive. 0
# reg-suit GitHub AppをリポジトリにインストールするためYes
? notify-github plugin requires a client ID of reg-suit GitHub app. Open
installation window in your browser Yes
```

※9-2　出典：https://github.com/reg-viz/reg-suit

```
#  後続解説で手動設定するため空入力
?  This repository client ID of reg-suit GitHub app
#  バケットは後続解説で作成するためNo
?  Create a new S3 bucket No
#  バケットは後続解説で作成するため空入力
?  Existing bucket name
#  設定ファイルを上書きするのでYes
?  Update configuration file Yes
#  サンプル画像は不要なのでNo
?  Copy sample images to working dir No
```

　途中reg-notify-github-pluginの質問でYesと答えるとブラウザが起動します。これはreg-suitが提供するGitHub Appのインストールとリポジトリ連携を促すものです。インストールすることで、botがプルリクエストに検証結果を通知してくれるようになります。

　赤い「Configure」ボタンを押下するとリポジトリ連携の画面に誘導されますので、ビジュアルリグレッションテストを導入したいリポジトリを選択します。連携が完了すると、以下キャプチャのように選んだリポジトリが画面に表示されます（図9-9）。

図9-9　reg-suit Client ID の取得

　対象リポジトリの「Get Client ID」ボタンを押下すると、モーダル画面が開きます（図9-10）。このClient IDは後続の節で環境変数として設定するので「Copy to clipboard」ボタンを押下してメモに控えておきましょう。

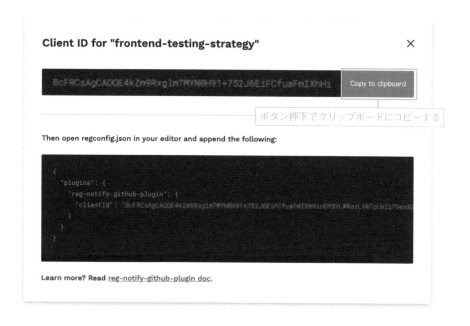

図9-10　reg-suit Client ID の確認

● Client ID の取得

　インストールが完了すると、reg-suitの設定ファイルであるregconfig.jsonが出力され
ます。このファイルを開き、clientIdには"$REG_NOTIFY_CLIENT_ID"、bucketNameに
は"$AWS_BUCKET_NAME"と入力しておきます（リスト9-5）。このように指定しておくと、
GitHub Actions実行時の環境変数が参照されます。この環境変数は、後続の節で設定します。

▶ リスト9-5　regconfig.json

`json`

```json
{
  "core": {
    "workingDir": ".reg",
    "actualDir": "__screenshots__",
    "thresholdRate": 0,
    "ximgdiff": {
      "invocationType": "client"
    }
  },
  "plugins": {
    "reg-keygen-git-hash-plugin": {},
```

```json
    "reg-notify-github-plugin": {
      "prComment": true,
      "prCommentBehavior": "default",
      "clientId": "$REG_NOTIFY_CLIENT_ID"  ←──── 別途GitHub Secretsに値を設定する
    },
    "reg-publish-s3-plugin": {
      "bucketName": "$AWS_BUCKET_NAME"  ←──── 別途GitHub Secretsに値を設定する
    }
  }
}
```

● **実運用における閾値設定**

　実運用において自動化されたビジュアルリグレッションテストがFlakyテスト（稀に失敗するテスト）になることがあります。これはブラウザで複数のレイヤーがコンポジットされるとき、アンチエイリアスをかける処理で差分が検出されてしまうことが原因です。

　このようなFlakyテストに遭遇した場合、差分検出の閾値を緩めることが検討できます。thresholdRate（差分が発生したピクセル数の全体に対する比率）やthresholdPixel（差分が発生したピクセルの絶対数）を調整して、安定運用できる閾値を検討するとよいでしょう（リスト9-6）。

▶ リスト9-6　regconfig.json

`json`

```json
{
  "core": {
    "workingDir": ".reg",
    "actualDir": "__screenshots__",
    "thresholdPixel": 50,  ←──────────── 検出した差分を許容する閾値
    "ximgdiff": {
      "invocationType": "client"
    }
  }
}
```

9-5 外部ストレージサービスを準備する

「スナップショット一式／検証結果レポート」の置き場所として、外部ストレージサービスのバケットを用意します。reg-publish-s3-pluginを選んだので、今回はAWS S3にバケットを作成します。練習用に一番手軽な方法を紹介しますが、実践導入する際は閲覧権限やアクセス権限が適切か、チームで検討するようにしましょう。

●バケットを作成する

AWSマネジメントコンソールにログインし、S3でバケットを新規作成します。このバケットにreg-suitのGitHub Appが検証結果レポートを転送できるよう、またレポートを閲覧できるように一部権限を設定します。まず「オブジェクト所有者」でACLを有効にします（図9-11）。

図9-11　バケットの新規作成

「このバケットのブロックパブリックアクセス設定」では、次のようにパブリックアクセスブロックの一部を解除します（図9-12）。

図9-12　ブロックパブリックアクセス設定

● IAMでユーザーを作成

次に、バケットにアクセスするユーザーをIAMで作成します。

任意のユーザー名を入力し「アクセスキー - プログラムによるアクセス」にチェックを入れます（図9-13）。

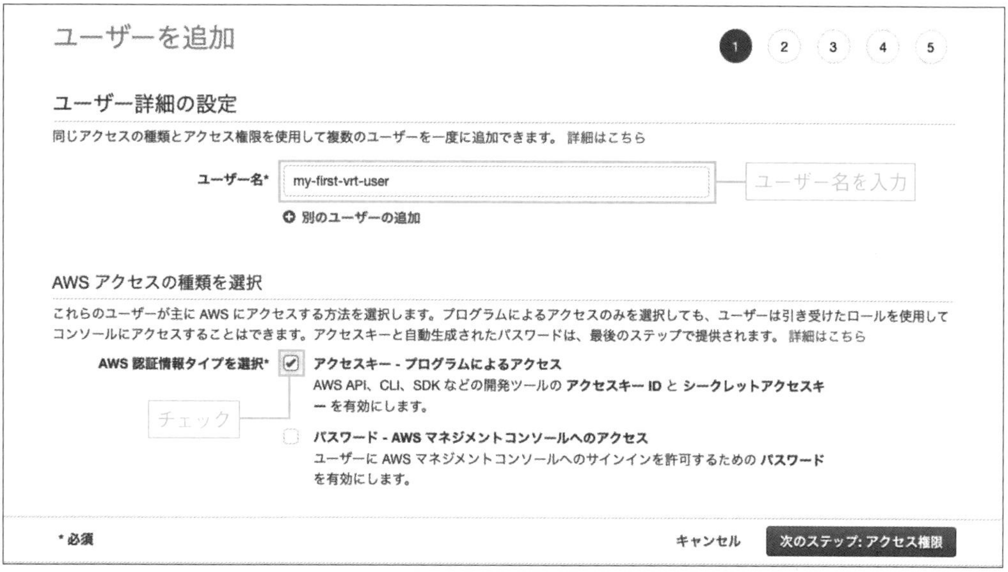

図9-13 ユーザーを作成

AmazonS3FullAccess権限でS3バケットにアクセスできるグループに、ユーザーを追加します（図9-14）。

図9-14 ユーザーのアクセス許可設定

最後の確認ページで、アクセスキーIDとシークレットアクセスキーが表示されます（図9-15）。この画面で確認できるキーをメモに控えておきます。**このアクセスキー情報は、決してリポジトリにコミットしないように注意しましょう。**

図9-15　アクセスキー情報の取得

9-6 GitHub Actionsにreg-suitを連携する

いよいよ、GitHub Actionsにreg-suitを連携します。プルリクエストを作成すると、ビジュアルリグレッションテストが自動で実施されます。そして、検証結果がプルリクエストに通知されるようになります。

● クレデンシャル情報をActions Secretsに設定

これまでメモに控えたクレデンシャル情報を、リポジトリのActions Secretsに設定していきます。リポジトリの「Settings > Secrets > Actions」を開き「New repository secret」ボタンを押下します（図9-16）。

図9-16　Actions Secret の作成

4つの情報を1つずつActions Secretsに登録します（図9-17）。

- AWS_ACCESS_KEY_ID：前節で作成したユーザーのアクセスキーID
- AWS_BUCKET_NAME：前節で作成したS3バケット名称
- AWS_SECRET_ACCESS_KEY：前節で作成したユーザーのシークレットアクセスキー
- REG_NOTIFY_CLIENT_ID：前々節で作成したreg-suitの Client ID

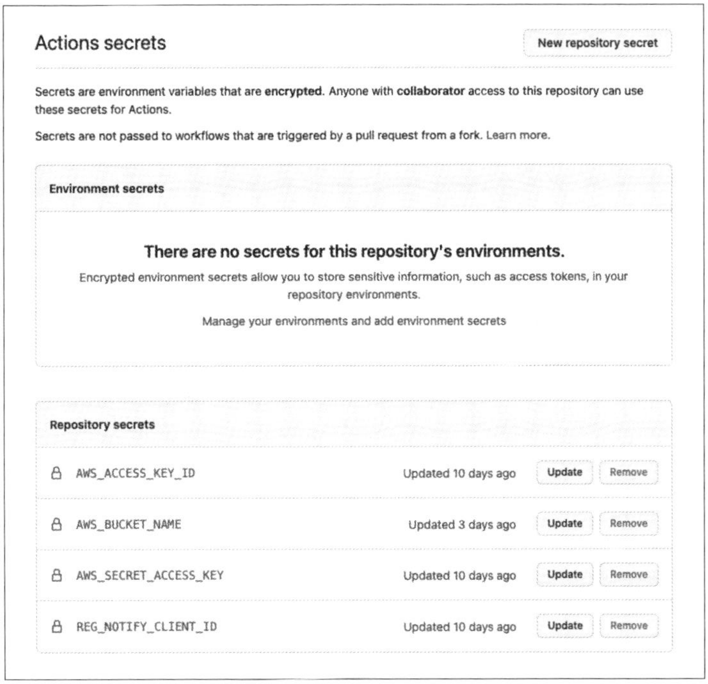

図9-17　Actions Secrets 一覧

AWS_BUCKET_NAME、REG_NOTIFY_CLIENT_IDは最終的に、regconfig.jsonに適用されます。この値はクレデンシャル情報にはあたらないためregconfig.jsonに直接記載しても構いませんが、リポジトリごとに設定する必要がある値です。慣習としてregconfig.jsonからは環境変数を参照するようにしておくとよいでしょう。

● GitHub Actionsの設定

GitHub Actionsのworkflowを書いていきます（リスト9-7）。このとき、コメントにある通りfetch-depth: 0の記述を忘れないようにします。この指定がないと親のコミットが取得できずに失敗してしまいます。

▶ リスト9-7 .github/workflows/vrt.yaml

```yaml
name: Run VRT

on: push

env:
  REG_NOTIFY_CLIENT_ID: ${{ secrets.REG_NOTIFY_CLIENT_ID }}
  AWS_BUCKET_NAME: ${{ secrets.AWS_BUCKET_NAME }}

jobs:
  build:
    runs-on: ubuntu-latest
    steps:
      - uses: actions/checkout@v3
        with:
          fetch-depth: 0          # この指定がないと比較に失敗する
      - uses: actions/setup-node@v3
        with:
          node-version: 16
      - name: Configure AWS Credentials
        uses: aws-actions/configure-aws-credentials@master
        with:
          aws-access-key-id: ${{ secrets.AWS_ACCESS_KEY_ID }}
          aws-secret-access-key: ${{ secrets.AWS_SECRET_ACCESS_KEY }}
          aws-region: ap-northeast-1
      - name: Install dependencies
        run: npm ci
      - name: Buid Storybook
        run: npm run storybook:build
      - name: Run Storycap
        run: npm run vrt:snapshot
      - name: Run reg-suit
        run: npm run vrt:run
```

このworkflowで実行されるnpm scriptsは、以下の通りです（リスト9-8）。

▶ リスト9-8　package.json

```json
{
  "scripts": {
    "storybook:build": "build-storybook",
    "vrt:snapshot": "storycap --serverCmd \"npx http-server storybook-static ➡
-p 6006\" http://localhost:6006",
    "vrt:run": "reg-suit run"
  }
}
```

● 連携を確認する

GitHub Actionsでビジュアルリグレッションテストが実行されることを確認しましょう（図9-18）。プルリクエストを作成しGitHub Actionsが完了すると、reg-suitボットによるコメントが投稿されます。差分が出るよう、意図的にCSSに変更を加えてみます。

・赤丸：差分検出されたアイテム
・白丸：新規追加されたアイテム
・黒丸：削除されたアイテム
・青丸：差分がなかったアイテム

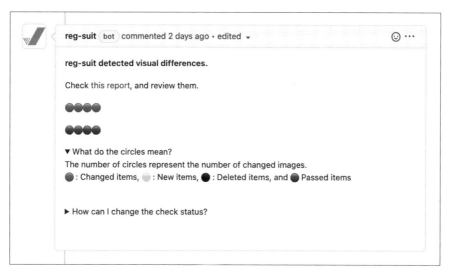

図9-18　差分を検出したときのボットコメント

ボットコメントのリンク「this report」をクリックすると、S3に保存された検証結果レポートが確認できます（図9-19）。レビュワーは、この差分をチェックし、差分に問題がないか確認します。

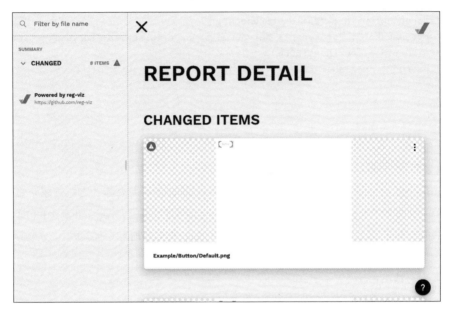

図9-19　検証結果レポート

　差分がなくなるか、レビュワーのApproveをもって、チェックステータスはグリーンになります（図9-20）。以上で、ビジュアルリグレッションテストの自動化は完了です。

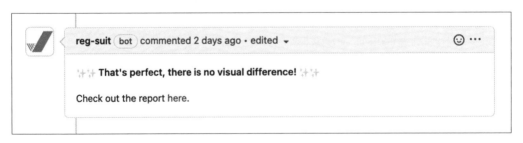

図9-20　差分を検出しなかったときのボットコメント

9-7 ビジュアルリグレッションテストを活用した積極的なリファクタリング

　本章では、コンポーネント単位のビジュアルリグレッションテストを導入するメリットを解説しました。実践導入にあたり、迷うのが「導入時期」になるでしょう。一般的に「リグレッションテストはプロジェクトリリース前後に導入」というイメージがありますが、もう少し早い時期でもよいかもしれません。

● レスポンシブレイアウト定義に活用

　第2章5節でも言及していますが、レスポンシブレイアウトが含まれるプロジェクトでは、ビジュアルリグレッションテストが特に活きるでしょう。進行の都合で「先にPCレイアウトを実装しきって、のちにSPレイアウトのみスタイルを追加する」という場面では、SPスタイルを追加するタイミングで、ビジュアルリグレッションテストの基盤ができあがっていると心強いです。

　第7章1～2節で紹介した通り、reg-suitはCIが整っていない状況でも有効活用できます。手元で手軽に実行できるように準備しておくだけでも、media queryを使用したスタイル定義とリファクタリングに、積極的に取り組めます。

● プロジェクトリリース直前のリファクタリングに活用

　筆者は以前、フロントエンドをNext.jsに作り替えつつ、過去資産（古いコード）を引き継ぐ案件を経験しました。その資産のうちの1つに、CSSによるスタイル定義が含まれていました。BEM（CSS設計）と、コンポーネントを意識したマークアップは、Reactコンポーネントとして、順調に置き換えられていきました。

　リリース直前の最終段階で、過去資産のうち「グローバルCSS定義」で使用されていないものが散見されました。このような「必要かどうか判断しかねるグローバルCSS定義」というのは、多かれ少なかれ、どのプロジェクトにもあるものでしょう。CSSのグローバル指定は、全てのコンポーネントに影響を与えている可能性があります。1つの定義を消すにしても、影響範囲特定の難しさは述べてきた通りです。

　しかし、ビジュアルリグレッションテストを導入していたおかげで、このリファクタリングに積極的に取り組むことができました。具体的には、影響がないかを順番に確認し、1つずつ削除していくという方法です。本当に必要なCSSだけを残すというリファクタは、ビジュアルリグレッションテストの基盤が整っていたからこそできたものです。

●Storyコミットの習慣化からはじめるビジュアルリグレッションテスト

述べてきた通り、Storyを拡充しておくとUIコンポーネント単位のビジュアルリグレッションテストがすぐに導入できます。「必要と思われるものだけを登録しておく」というガイドラインを設けることも考えられますが、Story登録しているほど詳細に検証できるため、日常的にStoryをコミットしておくことをおすすめします。

レスポンシブレイアウトが必要になってから、またはリリース直前になってからStoryをコミットするのでは、時期的に（余裕がなく）実現不可能と判断される場合もあります。筆者は、本当に不要と判断できるまで、Storyははじめからコミットする習慣があったほうがよいと考えています。

第8章で紹介した通り、Storybookはビジュアルリグレッションテスト目的以外にも、テスト戦略の一環として活用できます。単体／結合テスト／E2Eテストとあわせて、導入を検討してみてください。

■第10章▼

E2Eテスト

10-1 E2Eテストの概要

　フロントエンドにおける「E2Eテスト」はブラウザを使用するため、本物のアプリケーションに近いテストが可能です。ブラウザ固有のAPIを使用したり、画面をまたぐ機能テストに向いています。E2Eテスティングフレームワークを使用して実施することから、次の2つは区別せずにE2Eテストと呼ばれることがあります。

- ブラウザ固有の機能連携を含むUIテスト
- DBやサブシステム連携を含むE2Eテスト

　E2Eテストも「何をテストするのか?」という目的を明確にすることが肝心です。実際のWebアプリケーションはDBサーバーに接続したり、外部ストレージサーバーに接続します。このシステム全体のアーキテクチャと近い状況を再現するか否かが、1つの分岐点といえるでしょう。どういった観点でこれらを選択すべきか、それぞれ見ていきましょう。

● ブラウザ固有の機能連携を含むUIテスト

　Webアプリケーションは通常、ブラウザ固有の機能連携が必要になります。jsdomでは不十分なテスト対象として、次のようなものが挙がります。

- 複数画面をまたぐ機能
- 画面サイズから算出するロジック
- CSSメディアクエリーによる、表示要素切り替え
- スクロール位置によるイベント発火
- Cookieやローカルストレージなどへの保存

　Jest + jsdomでモックを使用したテストを書くこともできますが、テスト対象によっては、ブラウザを使用した忠実性の高いテストとしたい場合もあります。このとき、選択肢に挙がるのが「UIテスト」です(図10-1)。「ブラウザ固有の機能&インタラクション」に着眼できればよいので、APIサーバーやサブシステムはモックサーバーを使用し、E2Eテスティングフレームワークで一連の機能連携を検証します。

　このテストは、フィーチャーテストと呼ばれることもあります。

図10-1　ブラウザを使用しなければ検証できない類のUIテスト

● DBやサブシステム連携を含むE2Eテスト

　Webアプリケーションは通常、DBサーバーや外部サブシステムと連携し、下に挙げたような機能を提供します。可能な限り「本物」に近い連携を再現して行うテストは「E2Eテスト」と呼ばれます。E2EテスティングフレームワークのUIオートメーションで、テスト対象のアプリケーションをブラウザ越しに操作します。

- DBサーバーと連携し、データを読み書きする
- 外部ストレージサービスと連携し、メディアをアップロードする
- Redisと連携し、セッション管理する

　Webフロントエンド層、Webアプリケーション層、永続層が連携することを検証するので、忠実性の高い自動テストと位置付けられています（図10-2）。トレードオフとして、多くのシステムが連携するため「実行時間が長い、不安定で稀に失敗する」といった弱点もあります。

図10-2　E2Eテスト

● 本章で紹介するE2Eテストについて

　本章で紹介するE2Eテストのサンプルは、DBサーバーや外部ストレージサービスと連携しています（図10-3）。Docker Composeで複数のDockerコンテナーを起動し、コンテナー間通信のもと、システム連携のテストを行います。具体的には「UIの操作を行った結果、永続層に意図した内容が保存され、表示に反映される」という機能が正常に動くかを検証します。

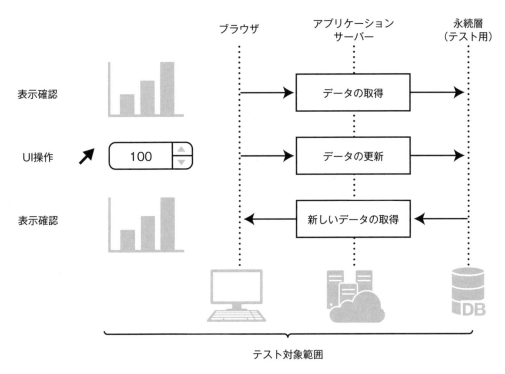

図10-3　永続層を含むE2Eテスト

　Docker ComposeによるE2Eテストは、テスト環境の構築と破棄が容易です。CIの単一ジョブで実行できるため、開発ワークフローに組み込み、すぐに自動化することができます。サンプルコード「docker-compose.e2e.yaml」を確認すると、関連するDBサーバーやRedisサーバーの記載が確認できます。

10-2 Playwrightのインストールと基礎

　サンプルのE2Eテストコード解説の前に、本書で使用するE2Eテストフレームワーク「Playwright」について、導入手順とテストコードの概要を説明します。

　Playwrightは、Microsoftから公開されているE2Eテストフレームワークです[※10-1]。クロスブラウザ対応しており、デバッガー／レポーター／トレースビューワー／テストコードジェネレーター機能（本書では触れません）など、多くの機能を備えたE2Eテストフレームワークです。

● インストールと設定

　プロジェクトにPlaywrightを導入するには、次のコマンドを実行します。

`bash`

```bash
$ npm init playwright@latest
```

　すると、いくつか質問されるので回答していきます。

`bash`

```bash
# TypeScriptかJavaScriptかを問われるのでTypeScriptを選ぶ
✔ Do you want to use TypeScript or JavaScript? · TypeScript
# テストファイル置き場の指定。e2eというフォルダに配置する
✔ Where to put your end-to-end tests? · e2e
# GitHub Actionsワークフローを追加するか否か。No
✔ Add a GitHub Actions workflow? (y/N) · false
# Playwrightブラウザをインストール。Yes
✔ Install Playwright browsers (can be done manually via 'npx playwright →
install')? (Y/n) · true
```

　インストールが完了するとpackage.jsonに依存モジュールが追加され、設定ファイル雛形と、サンプルテストコードが出力されます。

※ 10-1　https://playwright.dev/
　　　　https://github.com/microsoft/playwright

```bash
playwright.config.ts
package.json
package-lock.json
e2e/
  example.spec.ts
tests-examples/
  demo-todo-app.spec.ts
```

● はじめのE2Eテストコード

e2e/example.spec.tsに出力されたテストコードのサンプルを確認してみましょう（リスト10-1）。ブラウザオートメーションテストは、テストごとにブラウザを開いて、指定のURLへ訪れることからはじまります。page.gotoで指定しているURL "https://playwright.dev/" は、Playwrightの公式ドキュメントページです。

▶ リスト10-1　e2e/example.spec.ts

```typescript
import { test, expect } from "@playwright/test";

test("homepage has title and links to intro page", async ({ page }) => {
  await page.goto("https://playwright.dev/");
  // ページタイトルに "Playwright" が含まれていることを検証
  await expect(page).toHaveTitle(/Playwright/);
  // "Get started"という、アクセシブルネームを持つリンクを取得
  const getStarted = page.getByRole("link", { name: "Get started" });
  // リンクのhref属性が "/docs/intro" であることを検証
  await expect(getStarted).toHaveAttribute("href", "/docs/intro");
  // リンクを押下
  await getStarted.click();
  // ページのURLに "intro" が含まれていることを検証
  await expect(page).toHaveURL(/.*intro/);
});
```

こちらが実際のPlaywrightの公式ドキュメントページです（図10-4）。このテストコードは「GET STARTED」ボタンを押下してドキュメントを閲覧できることを検証しています。手動でブラウザを操作してアプリケーションを検証するようなテストが、テストコードで自動化できます。

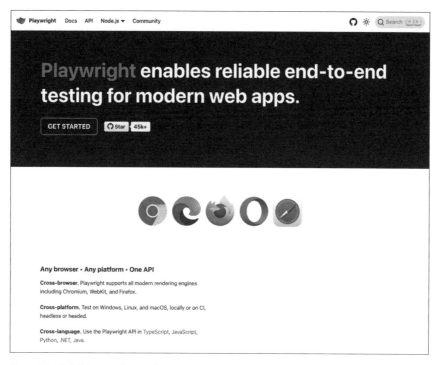

図10-4　Playwright公式ドキュメントページ

　実際のテストでは、このような一般公開されているWebページにアクセスすることはあまりありません。テスト環境やローカル開発環境でWebアプリケーションサーバーを起動し、そのサーバーに対してテストを実施します。

● Locators

　Locator[※10-2]はPlaywrightを扱う際のコアとなるAPIです（リスト10-2）。閲覧しているページから特定の要素を取得します。アクセシビリティ由来のLocatorは、Testing Libraryにインスパイアされ、v1.27.0で追加されました。Testing Libraryと同じく、心身特性に隔てのない要素取得方法を、優先的に使用することが推奨されています。

▶ リスト10-2　関連づけられたラベルテキストで入力要素を取得し、fillで文字列を埋める

TypeScirpt

```typescript
await page.getByLabel("User Name").fill("John");
await page.getByLabel("Password").fill("secret-password");
await page.getByRole("button", { name: "Sign in" }).click();
```

アクセシブルネームでボタンを取得し、クリックする

※10-2　https://playwright.dev/docs/locators

Testing Libraryと異なるのは、取得に待ち時間を要する`findByRole`などを使い分ける必要がない点です。インタラクションは非同期関数になるため、`await`で操作が完了するのを待ってから、次のインタラクションを実行するようにします。

● Assertions

アサーション[10-3]は明示的に`expect`を`import`して記述します。VSCodeなどのエディタでは、引数にLocatorを与えると要素検証特有のマッチャーがサジェストされるため、適したマッチャーを選択します。Jest同様に、`not`を使用して真を反転させることもできます（リスト10-3）。

▶ リスト10-3　Locatorを使用したアサーションの書き方

```TypeScirpt
import { expect } from "@playwright/test";

test("Locatorを使用したアサーションの書き方", async () => {
  // テキストコンテンツを取得し、表示されていることを検証する
  await expect(page.getByText("Welcome, John!")).toBeVisible();
  // チェックボックスを取得し、チェックされていることを検証する
  await expect(page.getByRole("checkbox")).toBeChecked();
  // notを使用して真を反転させる
  await expect(page.getByRole("title")).not.toContainText("some text");
});
```

`expect`の引数にはPageを与えることもできます。マッチャーはページ検証特有のマッチャーがサジェストされます（リスト10-4）。

▶ リスト10-4　Pageを使用したアサーションの書き方

```TypeScirpt
import { expect } from "@playwright/test";

test("Pageを使用したアサーションの書き方", async ({ page }) => {
  // ページのURLに "intro"　が含まれていることを検証
  await expect(page).toHaveURL(/.*intro/);
  // ページタイトルに "Playwright" が含まれていることを検証
  await expect(page).toHaveTitle(/Playwright/);
});
```

※ 10-3　https://playwright.dev/docs/test-assertions

10-3 テスト対象アプリケーションの概要

　サンプルのE2Eテストコード解説の前に、テスト対象のアプリケーション概要とローカル開発環境の構築手順を説明します。

　図10-5は、第7章〜第9章で紹介したサンプルのNext.js※10-4 アプリケーション画面です。Redisサーバー、DBサーバー、外部ストレージサービスと連携する実装が施されています。本章ではこのNext.jsアプリケーションをテスト対象とし、E2Eテストを書いていきます。

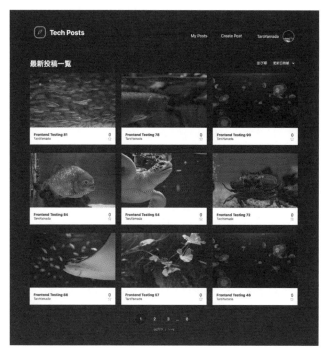

図10-5　トップページ

● アプリケーション概要

　このNext.jsアプリケーションは、ユーザーがログインして技術記事を投稿／編集するものです。そして、ほかのユーザーの記事に対し「Like」をつけることができます。新規ユーザー

※10-4　https://nextjs.org/

第10章　E2Eテスト

作成機能は未実装ですが、ログインユーザーはプロフィールを編集できます（図10-6）。

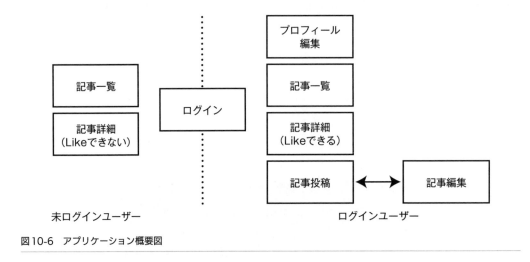

図10-6　アプリケーション概要図

Next.js

　全てのページはSSRでレンダリングを行っており、認証済みのリクエストかをチェックしています。もし未ログインだった場合はログイン画面にリダイレクトし、ログインを促します。Next.jsはRedisサーバーと接続し、ユーザー情報をセッションから取得します。

Prisma

　RDBMSは「PostgreSQL」を使用しています。Next.jsサーバーから利用するORMとして「Prisma」※10-5 を使用しています。PrismaはTypeScriptと親和性が高く、内部結合したテーブルのレスポンスが型推論として得られるなど、TypeScriptプロジェクトで人気のOSSです。

S3 Client

　外部ファイルストレージサービスとして、AWS S3の使用を想定しています。ローカル開発やテストでは、実際に存在するバケットには接続せず、AWS S3 APIと互換性のある「MinIO」※10-6 を使用します。MinIOは、ローカル開発やテストに利用でき、記事のメイン画像とプロフィール画像の置き場として使用します。

※10-5　https://www.prisma.io/

※10-6　https://min.io/

● ローカル開発環境構築手順

Node.jsがインストールされている開発環境でサンプルリポジトリをクローンした後、依存モジュールをインストールします。

URL https://github.com/frontend-testing-book/nextjs

```bash
$ npm i
```

MinIO Clientのインストール

開発環境ではS3には接続せず、ローカル環境で利用できるS3互換のMinIOを使用します。MinIO Clientがインストールされていない場合、はじめにインストールをします。次のコマンドはmacOSを使っている場合のものです。その他のOSで開発されている場合は、MinIOのドキュメント※10-7で手順を参照してください 。

```bash
$ brew install minio/stable/mc
```

Docker Composeでコンテナー一式を起動する

次に、ローカル開発用に準備したDocker Composeを使用して、ローカル開発向けにNext.js以外のコンテナー一式を起動します。Docker Composeを開発環境で使用するために、あらかじめDocker Desktop※10-8をインストールしておきましょう。

```bash
$ docker compose up -d
```

そして、Docker Composeで起動したMinIOサーバーに対して、バケット生成スクリプトを実行します。

```bash
$ sh create-image-bucket.sh
```

※ 10-7   https://min.io/docs/minio/linux/reference/minio-mc.html?ref=docs
※ 10-8   https://www.docker.com/products/docker-desktop/

第10章 E2Eテスト

DBマイグレーションを実行すると、DBに初期データ（テストデータ）が投入されます。

```bash
$ npm run prisma:migrate
```

最後に、Next.js開発サーバーを起動します。http://localhost:3000/を開くと、アプリケーション画面が表示されます。

```bash
$ npm run dev
```

次のようなエラーが表示された場合、ローカル開発環境でRedisサーバーが起動していないことが原因です。docker compose up -dを実行してからnpm run devを実行しましょう。

```bash
[ioredis] Unhandled error event: Error: connect ECONNREFUSED ➡
127.0.0.1:6379
```

画面右上の「ログイン」ボタンを押下しhttp://localhost:3000/loginに遷移したら、次のテストユーザーでログインができます（図10-7）。

```bash
メールアドレス: taroyamada@example.com
パスワード: abcd1234
```

図10-7　ログインページ

10-4 開発環境でE2Eテストを実行する

前節ではE2Eテスト対象であるNext.jsアプリケーションの開発環境の起動方法を解説しました。本節ではこのアプリケーションに対するE2Eテストを実行していきます。

●E2Eテストの準備

開発環境でE2Eテストを実行するには、ビルドしたNext.jsアプリケーションを起動します（docker compose up -dも忘れないよう注意してください）。

bash
```
$ npm run build && npm start
```

E2Eテストを実行する前に、DBのテストデータを初期化します。E2Eテストを実行するとDBのデータが変わりテストに影響が出るため、**このコマンドはE2Eテスト実行の度に必要です**。

bash
```
$ npm run prisma:reset
```

●E2Eテストの実行

次のコマンドを実行すると、E2Eテストが実行されます。初期設定ではヘッドレスモードでE2Eテストが実行されるので、ブラウザは表示されません。

bash
```
$ npx playwright test
```

32件のテストが全て終了すると、32 passedというメッセージが表示されます（全て成功した場合）。

bash
```
Running 32 tests using 6 workers
...
[chromium] › Post.spec.ts:45:3 › 投稿ページ › アクセシビリティ検証
No accessibility violations detected!
```

```
  32 passed (19s)

To open last HTML report run:

  npx playwright show-report
```

　テスト結果がHTMLレポートに出力されるので、`npx playwright show-report`を実行
してみましょう。http://localhost:9223/でレポートが閲覧できます（図10-8）。

図10-8　Playwright の HTML レポート

　コマンドライン引数にテストファイル名を渡すと、該当ファイルのテストのみが実施されます。
全てのテストを実行するのが長いと感じるときは、この引数をつけてテストを実行します。

bash
```
$ npx playwright test Login.spec.ts
```

● Playwright Inspectorを使ったデバッグ

　E2Eテストを書き進めていると、テストが思うようにパスしないことがあります。このと
き、原因を調査するためのツールとして「Playwright Inspector」が用意されています。
`--debug`オプションをつけてE2Eテストを実行すると、headedモード（ブラウザが起動して
UIオートメーションが目視できるモード）でテストがはじまります。

```bash
$ npx playwright test Login.spec.ts --debug
```

同時に2つの画面が表示されますが、そのうち小窓画面が「Playwright Inspector」です。Playwright Inspectorは実行されているテストコードを確認しながら、UIがどのように操作されているかを確認できます（図10-9）。

画面左上に並ぶアイコンのうち、緑色三角「再生アイコン」を押下すると、UIオートメーションがはじまります。オートメーションが完了すると（1件のテストが完了すると）2つの画面は同時に閉じ、次のテストに向けてまた新しく2つの画面が開きます。

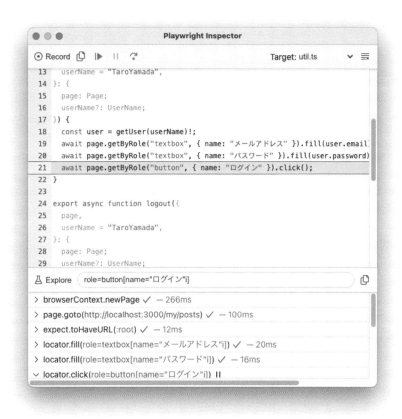

図10-9　Playwright Inspector

再生アイコンから見て2つ右隣の緑アイコン「Step overアイコン」を押下すると、一行ずつテストコードが実行されます。一行ごとにパスしているかを目視で確認できるため、不具合

が発生している状況の特定がしやすくなります（図10-10）。より詳しい操作方法については、公式ドキュメント※10-9を参考にしてください。

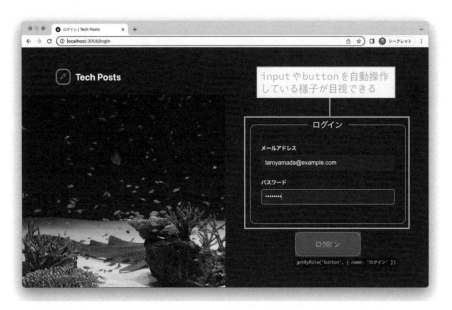

図10-10　headedモード（ブラウザが起動してUIオートメーションが目視できるモード）

● Docker Composeを使用したE2Eテスト

Docker Composeを使用したE2Eテストは、次のコマンドで実行できます。ほかのテストと比べて、はじめはコンテナーのビルドに少し時間がかかります。

bash

```bash
$ npm run docker:e2e:build && npm run docker:e2e:ci
```

この方法で実行するE2EテストはCI（GitHub Actions）向けのものです。こちらの解説については付録で解説します。

※10-9　https://playwright.dev/docs/debug

10-5 Prismaの簡単な紹介とテスト準備

　サンプルのNext.jsアプリケーションは、Next.jsサーバー（getServerSideProps、API Routes）でPrismaを使用して、DBサーバーからデータを取得／更新するように実装されています。本章で解説するE2EテストはDBサーバーへのアクセスも含まれており、UI操作を経てDBの更新ができるかを検証しています。

　DBを使用するE2Eテストは、テスト実行の度にDBをリセットし、テスト用データを投入する必要があります。seedスクリプトを使用すると、一貫して同じ内容のDBを再構築できるため、テストはもちろん開発環境の初期セットアップに欠かせません。本節ではテスト準備の一環として、Prismaの簡単な紹介とテストのためのseedスクリプトを紹介します。

● Prisma schema

　Prismaは、データベースエンティティとエンティティ間のリレーションを表現するDSL（Domain-Specific Language）の`Prisma schema`を使用してデータベースを定義します。このスキーマファイルはマイグレーションスクリプトに変換されると同時に、Prisma Client（アプリケーションコードからDBにクエリーを発行するクライアント）が生成されます。サンプルコード「prisma/schema.prisma」を確認すると、次のように定義されています（リスト10-5）。

▶ リスト10-5　prisma/schema.prisma

```
generator client {
  provider = "prisma-client-js"
}

datasource db {
  provider = "postgresql"
  url      = env("DATABASE_URL")
}

model User {
  id             Int      @id @default(autoincrement())
  createdAt      DateTime @default(now())
  updatedAt      DateTime @updatedAt
  name           String
  bio            String
  githubAccount  String
  twitterAccount String
```

```
    imageUrl      String
    email         String @unique
    password      String
    posts         Post[]
    likes         Like[]
}

model Post {
    id            Int       @id @default(autoincrement())
    createdAt     DateTime  @default(now())
    updatedAt     DateTime  @updatedAt
    title         String
    description   String?
    body          String?
    imageUrl      String?
    published     Boolean   @default(false)
    author        User      @relation(fields: [authorId], references: [id])
    authorId      Int
    likes         Like[]
}

model Like {
    id         Int       @id @default(autoincrement())
    createdAt  DateTime  @default(now())
    user       User @relation(fields: [userId], references: [id])
    userId     Int
    post       Post @relation(fields: [postId], references: [id])
    postId     Int
    authorId   Int
}
```

Prisma Clientの使用

スキーマファイルから自動生成されるPrisma Clientがどういったものか確認してみましょう。サンプルコード「src/services/server/index.ts」を確認すると、インスタンス化したPrisma Clientがexportされています（リスト10-6）。

▶ リスト10-6　src/services/server/index.ts

`TypeScirpt`

```TypeScript
import { PrismaClient } from "@prisma/client";
export const prisma = new PrismaClient();
```

このPrisma Clientは、`prisma.schema`に定義されている内容に沿ったClientになっています。例えば「Userテーブルへのアクセスは`prisma.user`で、Postテーブルへのアクセスは`prisma.post`で」といったように、`prisma.schema`に書かれている定義を追従します。

優れた機能として挙がるのがTypeScriptとの親和性の高さです。`prisma.schema`に書かれたスキーマ定義はTypeScriptの型定義に変換され、Prisma Clientで取得する値の型推論に反映されます。内部結合するデータ取得も型推論が追従するため、特にTypeScriptのプロジェクトに人気のORMです。

次のサンプルコード「src/services/server/MyPost/index.ts」は、ログインユーザーが自身の投稿記事を取得する非同期関数です（リスト10-7）。`await prisma.post.findUnique({ where: { id } })`というクエリで、一意のIDの記事を取得します。コード上ではTypeScriptの情報は登場しませんが、隅々まで型推論が行き届いています。

▶ リスト10-7　src/services/server/MyPost/index.ts

TypeScirpt

```TypeScript
export async function getMyPost({
  id,
  authorId,
}: {
  id: number;
  authorId: number;
}) {
  try {
    // 要求された記事IDに一致したデータを返す
    const data = await prisma.post.findUnique({ where: { id } });
    // データがない場合、または著者がログインユーザーではない場合、Not Found
    if (!data || data?.authorId !== authorId) throw new NotFoundError();
    const { createdAt, updatedAt, ...res } = data;
    // 型推論が最後まで追従する
    return res;
  } catch (err) {
    handlePrismaError(err);
  }
}
```

● Seedスクリプトの登録

package.jsonに、seedスクリプト実行時に適用されるコマンドを記載します（リスト10-8）。TypeScriptファイルをトランスパイルせずに使用できる`ts-node`経由で、実行ファイルであるprisma/seed/index.tsを実行します（Next.jsプロジェクトでPrismaを使用する場合、

compiler-optionsにCommonJSを指定する必要があります※10-10）。

▶ リスト10-8　package.json

```json
{
  "prisma": {
    "seed": "ts-node --compiler-options {\"module\":\"CommonJS\"} prisma/➡
seed/index.ts"
  }
}
```

　これでPrisma CLIから必要に応じて、seedスクリプトが実行されるようになりました。試しにdocker-compose up -dを実行してから、E2Eテストが実行される前に毎回行っているリセット処理npm run prisma:resetを実行してみてください。次のようなログが出力され、初期データ投入に成功する様子が確認できます。

```bash
Running seed command `ts-node --compiler-options {"module":➡
"CommonJS"} prisma/seed/index.ts` ...
Start seeding ...
Seeding finished.

🌱    The seed command has been executed.
```

● Seedスクリプト実行ファイル

　Seedスクリプト実行ファイルは次の通りです（リスト10-9）。Prisma Clientを使用して、初期データを作成しています。await prisma.$transactionで、User、Post、Likeテーブルに対し、初期データをまとめて投入しています。

▶ リスト10-9　prisma/seed/index.ts

```TypeScirpt
import { PrismaClient } from "@prisma/client";
import { likes } from "./like";
import { posts } from "./post";
import { users } from "./user";
```

※ 10-10　https://www.prisma.io/docs/guides/database/seed-database#seeding-your-database-with-
　　　　　typescript-or-javascript

```
export const prisma = new PrismaClient();

const main = async () => {
  console.log(`Start seeding ...`);
  await prisma.$transaction([...users(), ...posts(), ...likes()]);
  console.log(`Seeding finished.`);
};

main()
  .catch((e) => {
    console.error(e);
    process.exit(1);
  })
  .finally(async () => {
    await prisma.$disconnect();
  });
```

　初期データの作成方法は、Prisma Clientを使いレコードを作成する方法と同じです。
prisma.$transactionで一括投入するので、このseed関数ではPromiseの配列を返します
（リスト10-10）。

▶ リスト10-10　prisma/seed/like.ts

TypeScirpt

```
import { Like, PrismaPromise } from "@prisma/client";
import { prisma } from ".";
import { likesFixture } from "../fixtures/like";

export const likes = () => {
  const likes: PrismaPromise<Like>[] = [];
  for (const data of likesFixture()) {
    const like = prisma.like.create({ data });
    likes.push(like);
  }
  return likes;
};
```

　likesFixtureはハードコーディングされたデータを返します（リスト10-11）。このよう
にスクリプト上でデータを表現してもよいですし、CSVなどの外部ファイルをフィクス
チャーファイルとして用意するのもよいでしょう。このとき、ランダムな値を生成するライブ
ラリを使用したり実行時間をそのまま適用したりしてしまうと、テストの結果に影響を及ぼす
ことがあります。フィクスチャーは実行の度に値が変わらないよう注意しましょう。

▶ リスト10-11　prisma/fixtures/like.ts

```TypeScirpt
import { Like } from "@prisma/client";

export const likesFixture = (): Omit<Like, "id" | "createdAt">[] => [
  {
    userId: 1,
    postId: 1,
    authorId: 2,
  },
];
```

10-6　ログイン機能のE2Eテスト

　サンプルアプリケーションの大半の機能は、ログインが必要な機能です（図10-11）。未ログインユーザーは、機能アクセスが制限されたり、表示要素が異なります。「ログイン状態に応じて、アプリケーションが期待通りに動作するか？」というテスト観点は、E2Eテストならではです。そのため「ログインしてから、何かの処理を行う」というインタラクションが頻繁に必要になります。本節では、ログイン状態に関連する機能テストを「どのように共通化し、どのように検証しているのか」について解説します。

図10-11　ログインページ

● 登録済みユーザーでログインする

　サンプルアプリケーションでは、新規ユーザー作成機能は実装していません。代わりに
seed スクリプトでテストアカウント（ユーザー）をセットアップしています。このテストア
カウントを使用し、テストを書いていきます。

　次のユーティリティ関数である login 関数は、テストアカウント名をたよりにログインしま
す。登録済みユーザーの情報を参照し、フォーム入力経由でログインします（リスト10-12）。

▶ リスト10-12　e2e/util.ts

TypeScirpt

```
export async function login({
  page,
  userName = "TaroYamada",
}: {
  page: Page;
  userName?: UserName;
}) {
```

第
10
章

E2Eテスト

```
  const user = getUser(userName)!;
  await page.getByRole("textbox", { name: "メールアドレス" }).fill(user.email);
  await page.getByRole("textbox", { name: "パスワード" }).fill(user.password);
  await page.getByRole("button", { name: "ログイン" }).click();
}
```

● ログイン状態からログアウトする

ログアウトするインタラクションも同様に、共通処理として関数化します。ヘッダーナビゲーションの横に、ログインユーザーのアバター画像が配置されています。この要素にマウスオーバーすると、ログアウトボタンが現れ、クリックするとログアウトします。これらのインタラクションを関数化すると、次のようになります（リスト10-13）。

▶ リスト10-13　e2e/util.ts

TypeScirpt

```
export async function logout({
  page,
  userName = "TaroYamada",
}: {
  page: Page;
  userName?: UserName;
}) {
  const user = getUser(userName)!;
  const loginUser = page
    .locator("[aria-label='ログインユーザー']")
    .getByText(user.name);
  await loginUser.hover();  ◀──────────  マウスオーバーしてログアウトボタンを出す
  await page.getByText("ログアウト").click();
}
```

● 未ログイン時、ログイン画面へリダイレクトする

実装している7ページ中5ページは、ログインユーザーのみが閲覧できるよう制限されています（/my/**/*ページ）。これらのページに対して、未ログイン状態で直アクセスした場合、ログイン画面へリダイレクトしてログインを促します。ほとんどのテストで必要になる処理なので、関数にまとめます（リスト10-14）。

284

▶ リスト10-14　e2e/util.ts

TypeScirpt

```typescript
export async function assertUnauthorizedRedirect({
  page,
  path,
}: {
  page: Page;
  path: string;
}) {
  // 指定ページに直アクセス
  await page.goto(url(path));
  // リダイレクトを待つ
  await page.waitForURL(url("/login"));
  // ログインページであることを確認
  await expect(page).toHaveTitle("ログイン | Tech Posts");
}
```

　ログイン制限のかかっているページにおいて「未ログインユーザーがリダイレクトされること」というテストは、このassertUnauthorizedRedirect関数を使うようにします（リスト10-15）。

▶ リスト10-15　assertUnauthorizedRedirect関数使用例

TypeScirpt

```typescript
test("未ログイン時、ログイン画面にリダイレクトされる", async ({ page }) => {
  const path = "/my/posts";    ←──────────── 直アクセスするURLパス
  await assertUnauthorizedRedirect({ page, path });
});
```

● ログイン後、リダイレクト元のページに戻る

　Next.jsのアプリケーションコードでは、ログインに成功した後、リダイレクト元のページに戻るように実装が施されています。この実装は、サンプルコード「src/lib/next/gssp.ts」の19行目に、その処理があります。getServerSidePropsの戻り値に{ redirect }が含まれている場合、destinationURLへのリダイレクトが発生します。リダイレクト直前にリダイレクト元URLとして、セッションに値を保持しています（リスト10-16）。

第
10
章

E2Eテスト

▶ リスト10-16　src/lib/next/gssp.ts

TypeScirpt

```typescript
if (err instanceof UnauthorizedError) {
  session.redirectUrl = ctx.resolvedUrl;
  return { redirect: { permanent: false, destination: "/login" } };
}
```

　この機能を検証するテストは次の通りです（リスト10-17）。ログイン後、リダイレクト元の
ページに戻ることが検証できました。

▶ リスト10-17　e2e/Login.spec.ts

TypeScirpt

```typescript
test("ログイン後、リダイレクト元のページに戻る", async ({ page }) => {
  await page.goto(url("/my/posts"));
  await expect(page).toHaveURL(url("/login"));    ← ログイン画面にリダイレクトされる
  await login({ page });    ← ログインのインタラクションを
                               実行する
  await expect(page).toHaveURL(url("/my/posts"));
});
```

10-7　プロフィール機能のE2Eテスト

　「プロフィール編集ページ」（図10-12）について、ページの実装概要と、E2Eテストについ
て解説します。新しいプロフィール情報を入力し「プロフィールを変更する」ボタンを押下す
ると、プロフィール情報が更新されます。完了後の遷移先は、ログインユーザーの投稿記事一
覧です。

　ページタイトル（ブラウザタブに表示されるタイトル）を見ると、ログインユーザー名が反
映されていることが確認できます。セッションに格納した「ログインユーザー情報」を参照し
たり、Next.js特有の機能である「getServerSideProps」「API Routes」の連携が必要なページ
です。

図10-12　プロフィール編集ページ

　このE2Eテストでは、次の一連の処理が正常に連携していることを検証できます。

- UIを操作することで、プロフィール更新のAPIリクエストが発生する
- API Routesが機能し、DBサーバーに値が格納される
- セッションに格納していた値が更新される
- 新しいページタイトルは、更新されたセッションの値が参照される

● getServerSidePropsで取得するログインユーザー情報

　SSRのデータ取得関数であるgetServerSidePropsは、ログインチェック関数（with Login高階関数）にラップされています。引数（{ user }）にはログインユーザー情報が格納されており、このログインユーザー情報をたよりにページのデータをリクエストしたり、プロフィール情報を取得したりします。このuserオブジェクトは、セッションに格納された情報を取り出しています（リスト10-18）。

▶リスト10-18　ページのタイトルを動的に指定する関数

```TypeScirpt
Page.getPageTitle = PageTitle(
  ({ data }) => `${data?.authorName}さんのプロフィール編集`
);
// ログインチェックつきのgetServerSideProps
export const getServerSideProps = withLogin<Props>(async ({ user }) => {
  return {
    // Prisma Clientをラップした関数を経由し、DBからデータを取得
    profile: await getMyProfileEdit({ id: user.id }),
    authorName: user.name, // タイトル向けにユーザー名をPropsに含める
  };
});
```

● プロフィール情報更新のAPI Routes

　API RoutesはNext.jsアプリケーションのWeb API実装ルートです。UI操作から発生する「非同期データ取得／更新」のリクエストを受けつけ、サーバープロセスで処理を実行、APIレスポンスとしてJSONなどを返却します。

　次のAPI Routes handler関数は、プロフィール情報更新リクエストをハンドリングします。Prisma Client（updateMyProfileEdit関数）を使用してDBを更新し、セッションのログインユーザー情報も漏れなく更新しています（リスト10-19）。

▶リスト10-19　ログインチェックつきのAPI Routes handler関数

```TypeScirpt
const handlePut = withLogin<UpdateMyProfileEditReturn>(async ⇒
(req, res) => {
  // 入力値に不正がないかバリデーションをかける
  // バリデーションエラーが発生した場合、withLogin関数に内蔵されたエラーハンドラーで⇒
処理が行われる
  validate(req.body, updateMyProfileEditInputSchema);
  // Prisma Clientをラップした関数を経由し、DBのデータを更新
  // エラーが発生した場合、withLogin関数に内蔵されたエラーハンドラーで処理が行われる
  const user = await updateMyProfileEdit({
    id: req.user.id,
    input: req.body,
  });
  // セッションに保持していたユーザー情報を更新
  const session = await getSession(req, res);
  session.user = { ...session.user, name: user.name, imageUrl: user.imageUrl };
  res.status(200).json(user);
});
```

● プロフィール情報更新の一連処理E2Eテスト

このページ機能に対して書かれたE2Eテストは次の通りです（リスト10-20）。内部実装詳細には触れない、ブラックボックステストとなっています。

▶ リスト10-20　e2e/MyProfileEdit.spec.ts

TypeScirpt

```typescript
import { expect, test } from "@playwright/test";
import { UserName } from "../prisma/fixtures/user";
import { login, url } from "./util";

test.describe("プロフィール編集ページ", () => {
  const path = "/my/profile/edit";
  const userName: UserName = "User-MyProfileEdit";
  const newName = "NewName";

  test("プロフィール名称を編集すると、プロフィールに反映される", async ({
    page,
  }) => {
    await page.goto(url(path));
    await login({ page, userName });
    // ここからプロフィール編集画面
    await expect(page).toHaveURL(url(path));
    await expect(page).toHaveTitle(`${userName}さんのプロフィール編集`);
    await page.getByRole("textbox", { name: "ユーザー名" }).fill(newName);
    await page.getByRole("button", { name: "プロフィールを変更する" }).click();
    await page.waitForURL(url("/my/posts"));
    // ページのタイトルに、入力したばかりの新しい名前が含まれている
    await expect(page).toHaveTitle(`${newName}さんの投稿記事一覧`);
    await expect(
      page.getByRole("region", { name: "プロフィール" })
    ).toContainText(newName);
    await expect(page.locator("[aria-label='ログインユーザー']")).toContainText(
      newName
    );
  });
});
```

10-8 Like機能のE2Eテスト

　公開された記事は誰でも閲覧することができ、トップページでは人気記事順にソートする機能が利用できます。そしてログインユーザーに限り、公開された記事に対し「Like」をつけることができます。投稿ユーザーは、自分自身の記事には「Like」をつけられません（図10-13）。

図10-13　記事ページ

　このE2Eテストでは、次の一連の処理が正常に連携していることが検証できます。

- 他人の記事にはLikeできる
- 自分の記事にはLikeできない

● 他人の記事にLikeできる

　初期値としてDBに投入される記事データは全部で90件あります。そのうち66件が公開記事、24件が非公開記事です。テストユーザーの「TaroYamada」さんはID:61〜90の記事の著者です。「TaroYamada」さんでログインし、E2Eテストを実施します。

　ID:1〜60までの記事は他人の記事に相当するため、ID:10のページを対象に「Like」機能のテストをします（リスト10-21）。

▶ リスト10-21　e2e/Post.spec.ts

TypeScirpt

```typescript
test("他人の記事にLikeできる", async ({ page }) => {
  await page.goto(url("/login"));
  await login({ page, userName: "TaroYamada" });
  await expect(page).toHaveURL(url("/"));
  // ここからID:10の記事ページ
  await page.goto(url("/posts/10"));
  const buttonLike = page.getByRole("button", { name: "Like" });
  const buttonText = page.getByTestId("likeStatus");
  // Likeボタンが有効になっていて、Likeは0件である
  await expect(buttonLike).toBeEnabled();
  await expect(buttonLike).toHaveText("0");
  await expect(buttonText).toHaveText("Like");
  await buttonLike.click();
  // Likeをつけたら1件カウントアップされLike済み状態になる
  await expect(buttonLike).toHaveText("1");
  await expect(buttonText).toHaveText("Liked");
});
```

● 自分の記事にLikeできない

　ID:90のページは「TaroYamada」さんの記事にあたるため、このページを対象に「Like」が使えないことをテストします。ボタンが非活性になっており、自分の記事には「Like」できないことがわかります（リスト10-22）。

▶ リスト10-22　e2e/Post.spec.ts

TypeScirpt

```typescript
test("自分の記事にLikeできない", async ({ page }) => {
  await page.goto(url("/login"));
  await login({ page, userName: "TaroYamada" });
  await expect(page).toHaveURL(url("/"));
  // ここからID:90の記事ページ
  await page.goto(url("/posts/90"));
```

第10章

E2Eテスト

```
    const buttonLike = page.getByRole("button", { name: "Like" });
    const buttonText = page.getByTestId("likeStatus");
    // Likeボタンは非活性になっていて、Likeの文字もない
    await expect(buttonLike).toBeDisabled();
    await expect(buttonText).not.toHaveText("Like");
  });
});
```

10-9 新規投稿ページのE2Eテスト

　サンプルアプリケーションのコア機能である「新規投稿」について解説します（図10-14）。
投稿機能は「作成、閲覧、編集、削除」の機能、いわゆる「CRUD機能」を持ち合わせてい
ます。CRUD機能のテストは「ほかのテストコードと干渉しない」という配慮が必要になり
ます。例えば、ある記事タイトルをアサートしているテストコードがあった場合です。ある記
事タイトルを編集機能のテスト（別のテスト）で変更してしまうと、アサートが失敗してしま
います。そのため、単一の投稿機能のテストは基本的に「新しい記事を作成し、その記事に対
してCRUD操作を行う」という方針をとるものとします。

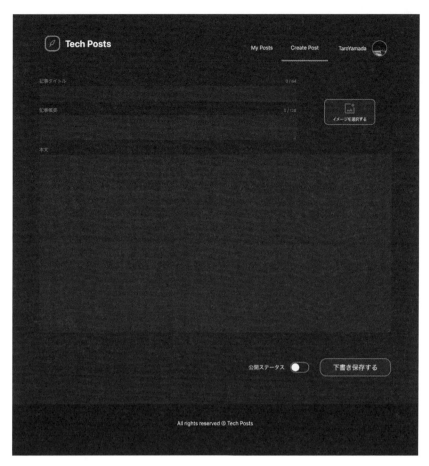

図10-14　新規投稿ページ

● 新規投稿ページにアクセスし、コンテンツを入力する関数

冒頭で紹介したように投稿機能のE2Eテストは、新規投稿を何度も作成する必要があります。コンテンツ内容にこだわりはないため、必須入力項目だけを入力するインタラクション関数を準備します（リスト10-23）。この関数は投稿者を選択できるよう、引数に投稿者名称を要求します。そして、テスト対象の記事ページタイトルを入力し、CRUD対象の記事を特定できるよう準備します。

▶ リスト10-23　e2e/postUtil.ts

```TypeScirpt
export async function gotoAndFillPostContents({
  page,
  title,
  userName,
}: {
  page: Page;
  title: string;
  userName: UserName;
}) {
  await page.goto(url("/login"));
  await login({ page, userName });
  await expect(page).toHaveURL(url("/"));
  await page.goto(url("/my/posts/create"));
  await page.setInputFiles("data-testid=file", [
    "public/__mocks__/images/img01.jpg",
  ]);
  await page.waitForLoadState("networkidle", { timeout: 30000 });
  await page.getByRole("textbox", { name: "記事タイトル" }).fill(title);
}
```

● 新規記事を「下書き保存する」関数

新規記事の下書き保存も、何度も実行されるインタラクションです。このインタラクションも関数にまとめ、再利用可能なものにします。先ほど準備した記事作成関数を使用し、新規記事を「下書き保存する」関数とします（リスト10-24）。

▶ リスト10-24　e2e/postUtil.ts

```TypeScirpt
export async function gotoAndCreatePostAsDraft({
  page,
  title,
  userName,
}: {
  page: Page;
  title: string;
  userName: UserName;
}) {
  await gotoAndFillPostContents({ page, title, userName });
  await page.getByRole("button", { name: "下書き保存する" }).click();
  await page.waitForNavigation();
  await expect(page).toHaveTitle(title);
}
```

● 新規記事を「公開する」関数

新規記事の公開も、何度も実行されるインタラクションです。このインタラクションも関数にまとめ、再利用可能なものにします。下書き保存と異なり、公開前に確認ダイアログを挟むため「はい」ボタンを押下するインタラクションが追加されています（リスト10-25）。これで、新規記事を「公開する」関数となります。

▶ リスト10-25　e2e/postUtil.ts

TypeScirpt

```typescript
export async function gotoAndCreatePostAsPublish({
  page,
  title,
  userName,
}: {
  page: Page;
  title: string;
  userName: UserName;
}) {
  await gotoAndFillPostContents({ page, title, userName });
  await page.getByText("公開ステータス").click();
  await page.getByRole("button", { name: "記事を公開する" }).click();
  await page.getByRole("button", { name: "はい" }).click();
  await page.waitForNavigation();
  await expect(page).toHaveTitle(title);
}
```

● ページのE2Eテストに準備した関数を使用する

新規作成機能のE2Eテストとして、ここまでで準備した「下書き保存関数」「公開関数」を使用しテストを書きます。expect関数によるアサーションも含まれているため、新規記事作成に対するE2Eテストは、以上で完成となります（リスト10-26）。

▶ リスト10-26　e2e/MyPostsCreate.spec.ts

TypeScirpt

```typescript
import { test } from "@playwright/test";
import { UserName } from "../prisma/fixtures/user";
import {
  gotoAndCreatePostAsDraft,
  gotoAndCreatePostAsPublish,
} from "./postUtil";

test.describe("新規投稿ページ", () => {
```

```
const path = "/my/posts/create";
const userName: UserName = "TaroYamada";

test("新規記事を下書き保存できる", async ({ page }) => {
  const title = "下書き投稿テスト";
  await gotoAndCreatePostAsDraft({ page, title, userName });
});

test("新規記事を公開できる", async ({ page }) => {
  const title = "公開投稿テスト";
  await gotoAndCreatePostAsPublish({ page, title, userName });
});
});
```

10-10 記事編集ページのE2Eテスト

　投稿済みの記事は、下書き／公開済みにかかわらず、コンテンツ編集や公開設定を変更できます（図10-15）。本節では「記事を編集した場合、一覧表示にどのように影響を与えるか？」について、また「記事を削除できる」機能についてE2Eテストを書いていきます。それぞれの記事はほかのテストと干渉しないよう、前節で使用した記事作成関数を再利用し、記事を作成してから「編集／削除」を行います。

図10-15　記事編集ページ

● 新たに追加する共通関数

投稿済みの記事ページへ遷移したのち、編集画面へ遷移するインタラクションを関数にまとめます（リスト10-27）。

▶ リスト10-27　e2e/postUtil.ts

TypeScirpt

```typescript
export async function gotoEditPostPage({
  page,
  title,
}: {
  page: Page;
  title: string;
```

```
}) {
  const buttonEdit = page.getByRole("link", { name: "編集する" });
  await buttonEdit.click();
  await page.waitForNavigation();
  await expect(page).toHaveTitle(`記事編集 | ${title}`);
}
```

● **下書き記事を編集できる**

　下書きとして保存した記事を編集し、下書きが更新されるかを検証する E2E テストです。はじめに、新規記事を下書き保存します。そして、下書きのタイトルを更新し、更新内容が反映されているかを検証します（リスト10-28）。

▶ リスト10-28　e2e/MyPostEdit.spec.ts

TypeScirpt

```
test("下書き記事を編集できる", async ({ page }) => {
  const title = "下書き編集テスト";
  const newTitle = "下書き編集テスト更新済み";
  await gotoAndCreatePostAsDraft({ page, title, userName });
  await gotoEditPostPage({ page, title });
  await page.getByRole("textbox", { name: "記事タイトル" }).fill(newTitle);
  await page.getByRole("button", { name: "下書き保存する" }).click();   ◄─── 再度下書きとして保存する
  await page.waitForNavigation();
  await expect(page).toHaveTitle(newTitle);   ◄─── 編集した新しいタイトルに変わっている
});
```

● **下書き記事を公開できる**

　下書きとして保存した記事を編集し、下書きが公開されるかを検証する E2E テストです。はじめに、新規記事を下書き保存します。そして、公開ステータスを更新、更新内容が反映されているかを検証します（リスト10-29）。

▶ リスト10-29　e2e/MyPostEdit.spec.ts

TypeScirpt

```
test("下書き記事を公開できる", async ({ page }) => {
  const title = "下書き公開テスト";
  await gotoAndCreatePostAsDraft({ page, title, userName });
  await gotoEditPostPage({ page, title });
  await page.getByText("公開ステータス").click();   ◄─── 公開ステータスを変更する
  await page.getByRole("button", { name: "記事を公開する" }).click();
  await page.getByRole("button", { name: "はい" }).click();   ◄─── 公開確認ダイアログの"はい"を押下する
```

298

```typescript
  await page.waitForNavigation();
  await expect(page).toHaveTitle(title);
});
```

● 公開記事を非公開にできる

公開した記事を編集し、記事を非公開に変更できるかを検証する E2E テストです。はじめに、新規記事を公開します。そして、公開ステータスを更新、下書きに変更できるかを検証します（リスト 10-30）。

▶ リスト 10-30　e2e/MyPostEdit.spec.ts

```typescript
test("公開記事を非公開にできる", async ({ page }) => {
  const title = "記事非公開テスト";
  await gotoAndCreatePostAsPublish({ page, title, userName });   // 公開記事として保存する
  await gotoEditPostPage({ page, title });
  await page.getByText("公開ステータス").click();                  // 公開ステータスを変更する
  await page.getByRole("button", { name: "下書き保存する" }).click();
  await page.waitForNavigation();                                // "下書き"ステータスで保存する
  await expect(page).toHaveTitle(title);
});
```

● 公開記事を削除できる

公開した記事を編集し、記事を削除できるかを検証する E2E テストです。はじめに、新規記事を公開します。そして、該当記事を削除し、投稿記事一覧に遷移するかを検証します（リスト 10-31）。

▶ リスト 10-31　e2e/MyPostEdit.spec.ts

```typescript
test("公開記事を削除できる", async ({ page }) => {
  const title = "記事削除テスト";
  await gotoAndCreatePostAsPublish({ page, title, userName });
  await gotoEditPostPage({ page, title });
  await page.getByRole("button", { name: "記事を削除する" }).click();   // "記事を削除する"ボタンを押下する
  await page.getByRole("button", { name: "はい" }).click();
  await page.waitForNavigation();
  await expect(page).toHaveTitle(`${userName}さんの投稿記事一覧`);
});                                                                // 削除確認ダイアログで"はい"を押下する
```

10-11 投稿記事一覧ページのE2Eテスト

　第10章9節「新規投稿ページのE2Eテスト」で「新規記事下書き保存関数」「新規記事公開関数」を作成しました。本節では、このインタラクションの続きとして「新規記事を作成した場合、一覧表示にどのように影響を与えるか？」という観点でE2Eテストを書いていきます。記事一覧は、Topページとマイページの2箇所にあります（図10-16）。「下書き保存」の投稿は投稿者しか閲覧できないので、Topページの記事一覧には掲載されないことが期待値です。

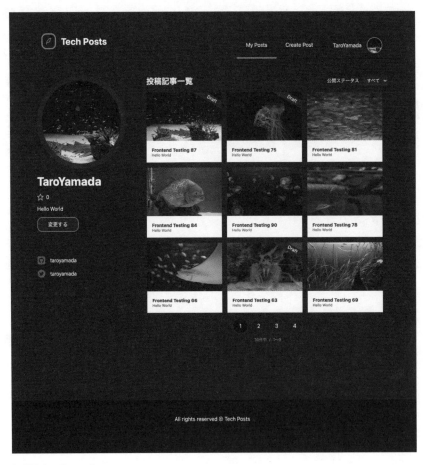

図10-16　投稿記事一覧ページ

● 投稿した記事が一覧に追加されていることを検証する

マイページの投稿記事一覧に、新規記事が追加されることを検証するE2Eテストです。下書き保存記事も、公開記事も、一覧に追加されます。記事タイトルをたよりに、一覧に記事が追加されたかを検証します（リスト10-32）。

▶ リスト10-32　e2e/MyPosts.spec.ts

`TypeScirpt`

```typescript
import { expect, test } from "@playwright/test";
import { UserName } from "../prisma/fixtures/user";
import {
  gotoAndCreatePostAsDraft,
  gotoAndCreatePostAsPublish,
} from "./postUtil";
import { login, url } from "./util";

test.describe("投稿記事一覧ページ", () => {
  const path = "/my/posts";
  const userName: UserName = "TaroYamada";

  test("新規記事を下書き保存すると、投稿記事一覧に記事が追加される", async ({
    page,
  }) => {
    const title = "下書き投稿一覧表示テスト";
    await gotoAndCreatePostAsDraft({ page, title, userName });
    await page.goto(url(path));
    await expect(page.getByText(title)).toBeVisible();
  });

  test("新規記事を公開保存すると、投稿記事一覧に記事が追加される", async ({
    page,
  }) => {
    const title = "公開投稿一覧表示テスト";
    await gotoAndCreatePostAsPublish({ page, title, userName });
    await page.goto(url(path));
    await expect(page.getByText(title)).toBeVisible();
  });
});
```

● 投稿した記事がトップページに追加されていることを検証する

トップページの投稿記事一覧に、新規記事が追加されることを検証するE2Eテストです。公開記事しか一覧に追加されないことが期待値です。新規記事公開のインタラクションで記事が追加されること、公開記事を非公開（下書き）に差し戻すことで、一覧に記事が表示されないことを検証します（リスト10-33）。

▶ リスト10-33　e2e/Top.spec.ts

```TypeScirpt
import { expect, test } from "@playwright/test";
import { UserName } from "../prisma/fixtures/user";
import { gotoAndCreatePostAsPublish, gotoEditPostPage } from "./postUtil";
import { url } from "./util";

test.describe("トップページ", () => {
  const path = "/";
  const userName: UserName = "TaroYamada";

  test("新規記事を公開保存すると、最新投稿一覧に表示される", async ({
    page,
  }) => {
    const title = "公開投稿／最新投稿一覧表示テスト";
    await gotoAndCreatePostAsPublish({ page, title, userName });
    await page.goto(url(path));
    await expect(page.getByText(title)).toBeVisible();
  });

  test("公開記事を非公開にすると、最新投稿一覧では非表示になる", async ({
    page,
  }) => {
    const title = "公開取り消し／最新投稿一覧表示テスト";
    await gotoAndCreatePostAsPublish({ page, title, userName });
    await gotoEditPostPage({ page, title });
    await page.getByText("公開ステータス").click();
    await page.getByRole("button", { name: "下書き保存する" }).click();
    await page.waitForNavigation();
    await expect(page).toHaveTitle(title);
    await page.goto(url(path));
    await expect(page.getByText(title)).not.toBeVisible();
  });
});
```

10-12 Flakyテストと向き合う

　E2Eテストフレームワークを使用したテストは、安定運用することが難しいとされています。不安定なテストは、ネットワーク遅延やメモリ不足によるサーバーからのレスポンスの遅れなど、原因は様々です。前節までで触れたように、実行順の前後の影響で、テスト対象が意図しない状態からはじまっていたということもあります。

　こういった不安定なテストは**Flakyテスト**（稀に失敗するテスト）と呼ばれ、E2Eテストの運用にあたり、向き合い続けなければならない課題です。本節では、Flakyテストに直面したとき、どのような対処が行えるかについて、いくつかの解消方法を紹介します。

● 実行ごとにDBをリセットすること

　永続層を含めたE2Eテストは、テストが実行された後には、データの内容が変わります。何度実行しても同じ結果となるよう、スタート地点の状態も同じにしなければなりません。seedスクリプトを用意し、テスト実行の度に初期値へリセットしていたのはこのためです。

● テストユーザーをテストごとに作成すること

　プロフィール編集など、用意していたユーザー情報を変更するテストは破壊的です。そのため、それぞれのテスト向けに、異なるユーザーアカウントを使用するようにします。テストごとにテストユーザーを使い捨てるのが得策でしょう。

● リソースがテスト間で競合しないよう注意すること

　CRUD機能のE2Eテストで実践したように、投稿記事などを編集する場合、それぞれのテストで新しいリソースを作成するようにします。Playwrightのテストは並列実行されるため、テストが実行される順番が保証されません。Flakyテストが検出された場合、リソースが競合していないか調査しましょう。

● Build済みのアプリケーションサーバーをテスト対象とすること

　Next.jsアプリケーションを開発する場合、開発サーバーでデバッグを行いながら開発を進めます。E2Eテストを実施するとき、開発サーバーでテストしないよう注意します。ビルド済みのNext.jsアプリケーションは開発サーバーと挙動が異なります。開発サーバーはレスポンスが遅く、Flakyテストの原因になります。

● 非同期処理を待つこと

　画像アップロードのサンプルでは、画像アップロードインタラクションの後、ネットワーク通信が完了していることを待ちます。時間のかかる処理は、単体テストでも行っていたように、非同期処理の応答を待つことが重要です。操作対象の要素が存在し、間違いなくインタラクションを与えているにもかかわらずテストが失敗する場合は、しっかり非同期処理の応答を待てているかを確認しましょう。

● --debug で調査すること

　Flakyテストの調査に限りませんが、失敗するテストを調査するためには、デバッガーを活用しましょう。Playwrightでは、実行時に--debugオプションを付与して、デバッガーを起動できます。一つ一つの動作がどのように実施されているかを目視確認できるので、失敗する原因となっている箇所を見つけやすくなります。

● CI 環境と CPU コア数をあわせて確認すること

　ローカルでテストを実行して、全てパスするにもかかわらず、CI環境だけで失敗するという現象に遭遇することがあります。このとき、ローカルマシンのCPUコア数とCIのCPUコア数が揃っているか確認しましょう。PlaywrightやJestは明示的な指定がなければ、実行環境で可能な限りテストスイートの並列実行を試み、この並列実行数はCPUコア数によって変動します。

　このような場合、CPUコア数が変動しないよう固定設定にしてみましょう（テストランナーで指定ができます）。CIにコア数をあわせた上でローカルマシンでもパスすれば、この課題が解決するかもしれません。そのほか、待ち時間上限を高くするなど対処しましょう。いずれの対処も、テスト実行時間は長くなります。しかし、CIが何度も失敗してやり直すよりも、総合ではずっと時間を短縮できるでしょう。

● テストの範囲が最適かを見直すこと

　ときに、E2Eテストで検証する内容として適切かどうかを見直すことも必要です。テストピラミッドの頂上に近づくにつれ、忠実性の高いテストである一方、不安定で実行時間が長くなる傾向があります。広範囲の結合テストで十分ならば、低コストで安定したテストが期待できます。検証内容に最適な範囲を選択できるようになれば、Flakyテストに遭遇する可能性は低くなります。

おわりに

　昨今のフロントエンド開発はフレームワークの種類を見てもわかるように、多様性に富んでいます。これはプロジェクトの特性に応じて、最適な実装方法が異なることに起因します。ユーザーによりよいサービス体験を提供するには、開発対象と正面から向き合う必要があります。「この手法を使えば最速」「この手法が絶対に安全」という、たった1つの最適解はありません。プロジェクトを取り巻く環境はもちろん、画面デザイン1つをとっても、最適解が異なります。

　フロントエンドテストの話題で「Storybookは不要だから保守をやめた」「E2Eテストは効果が薄いから保守をやめた」というような話を耳にすることがあります。これは、それぞれのテスト手法の効果が薄いという意味ではありません。開発対象特性／開発チーム体制／プロジェクトの複雑さなど、様々な要因が関連した結果「不要」という判断に至ったものです。それぞれが向き合う開発対象が異なるので、こういった意見交換がされるのは自然なことです。

　誰もが失敗することなく、最適な選択をしたいと考えます。しかしながら、プロジェクトにとっての最適解は時間とともに変わるものです。幸い、フロントエンドには様々なテスト手法が用意されているので、最適なテスト手法を組み合わせることができます。プロジェクトコードもテストコードも、状況に応じて柔軟によりよいものをコミットしていきましょう。

　紙面の都合上、自動テストを実際に活用するためのCIパートは電子付録とさせていただきました。気軽にはじめることができるGitHub Actionsを使用した例となっているので、CIの設定をしたことのない方も、ぜひ取り組んでみてください。

　最後になりますが、本書を執筆するに至る機会をくださった皆様、お仕事で様々な経験の場をくださった関係者の皆様に感謝申し上げます。そして、本書を最後まで読んでくださった読者の皆様に感謝申し上げます。

INDEX

吉井健文（よしい・たけふみ）

Twitter：@takepepe

2022〜 WEB+DB PRESS 年間連載「フロントエンドコンポーネント駆動開発」寄稿

2021 WEB+DB PRESS 特集「いまどき Next.js」寄稿

2019 単著『実践 TypeScript 〜BFF と Next.js&Nuxt.js の型定義〜』執筆

フロントエンド開発現場の実践的ノウハウを趣味で寄稿（https://zenn.dev/takepepe）。
本業ではフロントエンド・アーキテクトとして、社内横断組織に従事。

装丁・本文デザイン：森 裕昌（森デザイン室）

DTP：シンクス

レビューにご協力いただいた方々（敬称略）：

和田卓人（Twitter：@t_wada）

古川陽介（Twitter：@yosuke_furukawa）

倉見洋輔（Twitter：@Quramy）

大曲耕平

櫛引実秀

フロントエンド開発のためのテスト入門
今からでも知っておきたい自動テスト戦略の必須知識

2023年4月24日　初版第1刷発行

著　　　者　吉井健文
発　行　人　佐々木幹夫
発　行　所　株式会社翔泳社（https://www.shoeisha.co.jp）
印刷・製本　中央精版印刷株式会社

ISBN978-4-7981-7818-9
Printed in Japan